当代世界中的数学

数林撷英（二）

朱惠霖　田廷彦　编

哈尔滨工业大学出版社

内 容 提 要

本书详细介绍了数学在各领域的精华应用,同时收集了数学中典型的问题并予以解答.本书适合数学类专业大学师生、研究生及数学爱好者参考阅读.

图书在版编目(CIP)数据

当代世界中的数学.数林撷英.二/朱惠霖,田廷彦编.—哈尔滨:哈尔滨工业大学出版社,2019.1(2020.11 重印)
ISBN 978—7—5603—7258—7

Ⅰ.①当… Ⅱ.①朱… ②田… Ⅲ.①数学—普及读物 Ⅳ.①O1-49

中国版本图书馆 CIP 数据核字(2018)第 026674 号

策划编辑	刘培杰 张永芹	
责任编辑	刘立娟	
封面设计	孙茵艾	
出版发行	哈尔滨工业大学出版社	
社　　址	哈尔滨市南岗区复华四道街 10 号 邮编 150006	
传　　真	0451—86414749	
网　　址	http://hitpress.hit.edu.cn	
印　　刷	哈尔滨市工大节能印刷厂	
开　　本	787mm×1092mm 1/16 印张 14.5 字数 290 千字	
版　　次	2019 年 1 月第 1 版 2020 年 11 月第 3 次印刷	
书　　号	ISBN 978—7—5603—7258—7	
定　　价	38.00 元	

(如因印装质量问题影响阅读,我社负责调换)

序　言

如今,许多人都知道,国际科学界有两本顶级的跨学科学术性杂志,一本是《自然》(Nature),一本是《科学》(Science).

恐怕有许多人还不知道,在我们中国,有两本与之同名的杂志①,而且也是跨学科的学术性杂志,只是通常又被定位为"高级科普".

国际上的《自然》和《科学》,一家在英国,一家在美国②.它们之间,按维基百科上的说法,是竞争关系③.

我国的《自然》和《科学》,都在上海,它们之间,却有着某种历史上的"亲缘"关系.确切地说,从1985年(那年《科学》复刊)到1994年(那年《自然》休刊)这段时期,这两家杂志的主要编辑人员,原本是在同一个单位、同一幢楼、同一个部门,甚至是在同一个办公室里朝夕相处的同事!

这是怎么回事呢?

这本《自然》杂志,创刊于1978年5月.那个年代,被称为"科学的春天".3月,全国科学大会召开.科学工作者、教育工作者,乃至莘莘学子,意气风发.在这样的氛围下,《自然》的创刊,是一件大事.全国各主要媒体,都报道了.

这本《自然》杂志,设在上海科学技术出版社,由刚刚复出的资深出版家贺崇寅任主编,又调集精兵强将,组成了一个业务水平高、工作能力强、自然科学各分支齐备的编辑班子.正是这个编辑班子,使得《自然》杂志甫一问世,便不同凡响;没有几年,便蜚声科学界和教育界④.

1983年,当这个班子即将一分为二的时候,上海市出版局经办此事的一位副局长不无遗憾地说,在上海出版界,还从未有过如此整齐的编辑班子呢!

一分为二?没错.1983年,中共上海市委宣传部发文,将《自然》杂志调住上海交通大学.为什么?此处不必说.我只想说,这次强制性的调动,却有一项

---

① 其中的《自然》杂志,在创刊注册时,不知什么原因,将"杂志"两字放进了刊名之中,因此正式名称是《自然杂志》.但在本文中,仍称其为《自然》或《自然》杂志.此外,应该说明,在我国台湾,也有两本与之同名的杂志,均由民间(甚至个人)资金维持.台湾的《自然》,创刊于1977年,系普及性刊物,内容以动植物为主,兼及天文、地理、考古、人类、古生物等,1996年终因财力不济而停办.台湾的《科学》,正式名称《科学月刊》,创刊于1970年,以介绍新知识为主,"深度以高中及大一学生看得懂为原则",创刊至今,从未脱期,令人赞叹.

② 英国的《自然》,创刊于1869年,现属自然出版集团(Nature Publishing Group),总部在伦敦.美国的《科学》,创刊于1880年,属美国科学促进会(American Association for the Advancement of Science),总部在华盛顿.

③ 可参见 http://en.wikipedia.org/wiki/Science_(journal).

④ 可参见《瞭望东方周刊》2008年第51期上的"一本科普杂志的30年'怪现象'"一文.

十分温情的举措,即编辑部每个成员都有选择去或不去的权利.结果是,大约一半人选择去交通大学,大约一半人选择不去,留在了上海科学技术出版社.

我属去的那一半.留下的那一半,情况如何,一时不得而知.但是到1985年,便知道了:他们组成了《科学》编辑部,《科学》杂志复刊了!

《科学》,创刊于1915年1月,是中国历时最长、影响最大的综合性科学期刊,对于中国现代科学的萌发和成长,有着独特的贡献.中国现代数学史上有一件一直让人津津乐道的事:华罗庚先生当年就是在这本杂志上发表文章而崭露头角的.《科学》于1950年5月停刊,1957年复刊,1960年又停刊.1985年的这次复刊,其启动和运作,外人均不知其详,但我相信,留下的原《自然》杂志资深编辑,特别是吴智仁先生和潘友星先生,无疑是起了很大的甚至是主要的作用的.复刊后的《科学》,由时为中国科学院副院长的周光召任主编,上海科学技术出版社出版.

于是,原来是一个编辑班子,结果分成两半(各自又招了些人马),一半随《自然》杂志披荆斩棘,一半在《科学》杂志辛勤劳作.

《自然》杂志去交通大学后,命运多舛.1987年,中共上海市委宣传部又发文:将《自然》杂志从交通大学调出,"挂靠"到上海市科学技术协会,属自收自支编制.至1993年底,这本杂志终因入不敷出,编辑流失殆尽(整个编辑部,只剩我一人),不得不休刊了.1994年,上海大学接手.原有人员,先后各奔前程.《自然》与《科学》的那种"亲缘"关系,至此结束.

这段多少有点辛酸的历史,在我编这本集子的过程中,时时在脑海里浮现,让我感慨,让我回味,也让我思索⋯⋯

好了,不管怎么说,眼前这件事还是让人欣慰的:在近20年之后,《自然》与《科学》的数学部分,竟然在这本集子里"久别重逢"了!

说起这次"重逢",首先要感谢原在上海教育出版社任副编审的叶中豪先生.是他,多次劝说我将《自然》杂志上的数学文章结集成册;是他,了解《自然》和《科学》的这段"亲缘"关系,建议将《科学》杂志上的数学文章也收集进来,实现了这次"重逢";又是他,在上海教育出版社申报这一选题,并获得通过.

其次,要感谢哈尔滨工业大学出版社的刘培杰先生.是他,当这本集子在上海教育出版社的出版遇到困难时,毅然伸手相助,接下了这项出版任务[①].

当然,还要感谢与我共同编这本集子的《科学》杂志数学编辑田廷彦先生.是他,精心为这本集子选编了《科学》杂志上的许多数学文章.

他们三人,加上我,用时下很流行的说法,都是不折不扣的"数学控".我们

[①] 说来有趣,我与刘培杰先生从未谋面,却似乎有"缘"已久.这次选编这本集子,发觉他早年曾向《自然》杂志投稿,且被我录用,即收入本集子的《费马数》一文.屈指算来,那该是20年前的事了.

以我们对数学的热爱和钟情,为广大数学研究者、教育者、普及者、学习者和爱好者(相信其中也有不少的"数学控")献上这本集子,献上这些由国内外数学家、数学史家和数学普及作家撰写的精彩数学文章.

这里所说的"数学文章",不是指数学上的创造性论文,而是指综述性文章、阐释性文章、普及性文章,以及关于人物和史实的介绍性文章.其实,这些文章,都是可让大学本科水平的读者基本上看得懂的数学普及文章.

按美国物理学家、科学普及作家杰里米·伯恩斯坦(Jeremy Bernstein,1929—)的说法,在与公众交流方面,数学家排在最后一名[1].大概是由于这个原因,国际上的《自然》和《科学》,数学文章所占的份额,相当有限.

然而,在我们的《自然》和《科学》上,情况并非如此.在《自然》杂志上,从1984年起就常设"数林撷英"专栏,专门刊登数学中有趣的论题;在《科学》杂志上,则有类似的"科学奥林匹克"专栏.许多德高望重的数学大师,愿意在这两本杂志上发表总结性、前瞻性的综述;许多正在从事前沿研究的数学家,乐于将数学顶峰上的无限风光传达给我们的读者.在数学这个需要人类第一流智能的领域,流传着说不完道不尽的趣事佳话,繁衍着想不到料不及的奇花异卉.这些,都在这两本杂志上得到了充分的反映.

在编这本集子的时候,我们发觉,《自然》(在下文所说的时期内)和《科学》上的数学好文章是如此之多,多得简直令人苦恼:囿于篇幅,我们必须屡屡面对"熊掌与鱼"的两难,最终又不得不忍痛割爱.即使这样,篇幅仍然宏大,最终不得不考虑分册出版.

现在这本集子中的近200篇文章,几乎全部选自从1978年创刊至1993年年底休刊前夕这段时期的《自然》杂志,和从1985年复刊至2010年年底这段时期的《科学》杂志.它们被分成12个版块,每个版块中的文章,基本上以发表时间为序,但少数文章被提到前面,与内容相关的文章接在一起.

还要说明的是,在"数学的若干重大问题"版块中,破例从《世界科学》杂志上选了两篇本人的译作,以全面反映当时国际数学界的大事;在"数学中的有趣话题"版块中,破例从台湾《科学月刊》上选了一篇"天使与魔鬼",田廷彦先生对这篇文章钟爱有加;在"当代数学人物"版块中,所介绍的数学人物则以20世纪以来为限.

这本集子中的文章,在当初发表时,有些作者和译者用了笔名.这次选入,仍然不动.只是交代:在这些笔名中,有一位叫"淑生"的,即本人也.

照说,选用这些文章,应事先联系作译者,征求意见,得到授权.但有些作译

---

[1] 参见 Mathematics Today: Twelve Informal Essays, Springer-Verlag(1978) p.2. Edited by Lynn Arthur Steen.

者,他们的联系方式,早已散失;不少作译者,由于久未联系,目前的通信地址也不得而知;还有少数作译者,已经作古,我们不知与谁联系.在这种情况下,我们只能表示深深的歉意.更有许多作译者,可说是我们的老朋友了,相信不会有什么意见,不过在此还是要郑重地说一声:请多多包涵.

在这些文章中,也融入了我们编辑的不少心血.极端的情况是:有一两篇文章是编辑根据作者的演讲提纲,再参考作者已发表的论文,越俎代庖地写成的.尽管我们做编辑这一行的,"为他人作嫁衣裳",似乎是份内的事,但在这本集子出版的时候,我还是要将为这些文章付出过劳动、做出过贡献的编辑,一一介绍如下,并对其中我的师长和同仁、同行,诚致谢忱.

《自然》上的数学文章,在我1982年2月从复旦大学数学系毕业到《自然》杂志工作之前,基本上由我的恩师陈以鸿先生编辑;在这之后到1987年先生退休,是他自己以及我在他指导下的编辑劳动的成果.此后,又有张昌政先生承担了大量编辑工作;而计算机方面的有关文章,在很大程度上则仰仗于徐民祥先生.

《科学》上的数学文章,在复刊后,先是由黄华先生负责编辑,直至1996年他出国求学;此后便是由田廷彦先生悉心雕琢,直到现在;其间静晓英女士也完成了一些工作.当然,《科学》杂志负责复审和终审的编审,如潘友星先生、段韬女士,也是付出了心血的.

回顾往事,感悟颇多.但作为这两本杂志的编辑,应该有这样的共同感受:一是荣幸,二是艰辛.荣幸方面就不说了,而说到艰辛,无论是随《自然》杂志流离,还是在《科学》杂志颠沛,都可用八个字来概括:"筚路蓝缕,以启山林".

是的,筚路蓝缕,以启山林!

如今,蓦然回首,我看到了:

一座巍巍的山,一片苍苍的林!

《自然》杂志原副主编兼编辑部主任
朱惠霖
2017年5月于沪西半半斋

目录

欧几里得欠下的一笔老债 // 1
再谈欧几里得欠下的一笔老债 // 12
格盘上的覆盖问题 // 23
悖论纵横谈 // 32
复数以后——我们能走多远 // 40
植树问题 // 48
汽车、山羊及其他——一道概率题及由此引起的思考 // 59
跛足警车问题 // 67
从所罗门王的智慧谈起 // 71
从哈代的出租车号码到椭圆曲线公钥密码 // 78
赌徒的困惑、凯利准则及股票投资 // 85
找零钱的数学 // 91
也谈找零钱的数学 // 96
墨菲法则趣谈 // 100
幻方中的通灵宝玉 // 107
挂谷问题 // 114
十三个球的问题 // 122
博弈与超现实数 // 129
回文勾股数 // 136
伯努利数 // 141
长方体与正整数 // 147
图形拼补趣谈 // 152
一种中世纪的数字棋 // 159

孪生素数幻方　∥　165

解一个古老的悖论　∥　170

数学之美如同西子　∥　178

特殊的素数　∥　187

魅力独特的梅森素数　∥　193

"水立方"与开尔文问题　∥　199

天使与魔鬼　∥　205

编辑手记　∥　208

欧几里得欠下的一笔老债*

被无数高手名师反复耕耘了两千多年的初等几何园地,似乎已不会有什么新的值得一谈的东西了吧?然而,当代数学教育改革的呼唤,使我们在这个园地中发现了一片新的天地.

一、欧几里得与国王的故事

相传古埃及国王托勒密向欧几里得学习几何.他问:"能不能把你的几何弄得容易一些呢?"这位伟大的学者回答说:"没有一条专为国王而设的通向几何之路!"(There is no royal road to geometry!).

人们总是怀着对欧几里得的钦佩之情和对这位国王的嘲讽之意谈起这个故事,但是平心而论,国王这句话又有什么错呢?作为学生,要求老师讲得精彩些、明白些、容易懂些,难道不是天经地义、合情合理的要求吗?国王虽非先知先觉,但他的要求,其实道出了以后两千年中无数教师与学生的心声.这个要求是向欧几里得提出的,也可以看作向欧几里得的后继者——古今的数学家与数学教育家提出的.

数学家常常提到"优化".国王的要求,"容易一些",也是希望数学的体系与方法尽可能优化.欧几里得在当时的科学发展水平上,没有认识到这种优化的重要性与可能性,简单地拒绝

---

* 井中:《欧几里得欠下的一笔老债》,《自然杂志》1992年第15卷第1期.

了国王的要求.他作为数学家和数学教育家,欠下了一笔债.

两千年来,几何学研究的领域与深度都有了极大的发展.但欧几里得欠下的这笔老债并没有清偿.几何入门的学习并没有变得容易,随着时间的流逝,欠债是要付利息的.现代科学技术的需要和近百年来数学的发展,对中学数学教育,特别是几何教学,提出了更高的要求.不但要求更容易(好让学生有时间学更多的数学课程,如概率初步、集合概念),还要求几何课程同现代数学有更多的联系.于是,正如文[1]中所说:"几何教学的问题仍然是中等数学教育现代化的最复杂的问题之一,它引起了广泛的、世界性的争论,并且出现了许多方案."

确实,近几十年来,世界上许多数学家和数学教育家投身于重建初等几何的工作,其中包括一流的数学大师,如苏联的柯尔莫哥洛夫、法国的迪多内.但是,这些努力并没有得到显著的效果,几何并没有变得更容易.

极为初等的问题难住了大数学家,困难在什么地方呢?

二、矛盾的要求

当代的数学家们,有不少人认为,传统的欧几里得体系或逻辑上更完备的希尔伯特体系非常烦琐,而且把几何从其他数学中孤立起来,阻碍现代思想的渗透,因而它已失去了一切科学价值.流行的看法是,必须拒绝这个体系.

那么,新的体系应当满足哪些要求?我们试试能不能把这个问题提得清楚一些.

第一个要求:起点要低,观点要高;

第二个要求:解题方法要既简捷,又通用;

第三个要求:推理论证要既严谨,又直观.

但这3个要求似乎都是自相矛盾的,这正是问题的困难所在.几十年来,各国的数学家和数学教育家们显然是低估了这些困难.他们从现代数学的现成成果出发,剪裁改造,提出了一个又一个拼盘式的方案,千方百计地把现代数学的丸药包上糖衣塞给孩子们.孩子们却并不买账,这并不奇怪.从学生的领悟水平到数学家的领悟水平,中间有上千年的差距.这差距不可能用几个貌似通俗的例子填补.数学家必须创造出能处理大量初等几何问题的更高明的方法,才能战胜欧几里得.几十年来世界各国在中学数学教育改革上虽然花费了大量人力、财力,但缺乏数学上的真正创造.也许这正是轰轰烈烈的新数学运动之潮来得急、退得快的原因之一吧!

三、并非无解

要求虽然苛刻,但是并非无解.以面积为中心展开平面几何,就是对上述 3 个似乎都自相矛盾的要求的一个回答.

面积是小学生早已熟悉的几何概念.对于十二三岁的孩子,它是看得见、摸得着的东西.从计算三角形的面积出发讲几何,起点是低的.另外,面积又与许多数学概念有密切联系.面积是行列式、是点的坐标、是正弦函数、是自然对数、是积分、是测度、是泛函、是外积.抓住面积,为引入更高等的数学概念埋下了伏笔.用面积讲几何,观点是高的.

循面积关系做推理论证,如同中国古代数学家用"弦图"证明勾股定理那样,确实是直观且严谨的.

剩下的关键是:能不能从面积出发,创建一套简捷、通用的解题方法呢?

这个问题解决了,答案就完整了.欧几里得欠下的那笔老债,也有了清本偿利的可能.

建立一套方法,要有基本的工具.欧几里得的工具是全等三角形和相似三角形.研究全等与相似并非不重要,因为它们和运动、相似这些几何变换密切相关.但作为解题的基本工具,用全等三角形与相似三角形的方法就暴露出明显的弱点.一个重要的事实是:任意画个几何图形,例如,平面上随机地取几个点,连几条线,这里面往往没有全等三角形和相似三角形.为了用上全等三角形和相似三角形,就要作辅助线.怎么作辅助线,则"法无定法".这正是人们觉得几何题不好做的一个原因.

我们着眼于那些在任何图形中都会出现的基本细胞,从最一般的角度建立工具.什么是在任何图形中都会出现的基本细胞呢? 答案就是"共边三角形"与"共角三角形".

四、基本工具——共边定理与共角定理

若两个三角形有一条公共边,就称它们为一对共边三角形;若两个三角形中有一组对应角相等或互补,就称它们为一对共角三角形.

平面上任取 4 个点 A,B,C,D,连上几条线,便会出现许多共边三角形和共角三角形(图 1).对这种普遍出现的基本图形,为什么不抓住它们呢?

对共边三角形与共角三角形,我们从小学生已学过的"三角形的面积等于底与高的乘积之半"出发来研究它,于是立刻有推论:共高三角形的面积之比等于底之比.我们把这个平凡而简单的事实叫作基本命题.

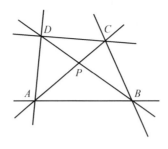

图 1

有了基本命题,便可以引入我们的主要工具——共边定理与共角定理.

共边定理 若直线 AB 与直线 PQ 交于 M,则有
$$\frac{\triangle PAB}{\triangle QAB} = \frac{PM}{QM}$$

(为了简便,记号 $\triangle PAB, \triangle QAB$ 也表示 $\triangle PAB, \triangle QAB$ 的面积,下同).

证明 如图 2,有 4 种情形.

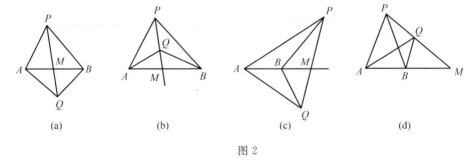

图 2

根据我们的基本命题,在这 4 种情形下都有

$$\triangle PAM = \frac{PM}{QM} \cdot \triangle QAM \qquad (1)$$

$$\triangle PBM = \frac{PM}{QM} \cdot \triangle QBM \qquad (2)$$

在图 2 的(a)与(b)两种情形下,令式(1)+式(2);在(c)与(d)两种情形下,令式(1)-式(2),即得

$$\triangle PAB = \frac{PM}{QM} \cdot \triangle QAB$$

即

$$\frac{\triangle PAB}{\triangle QAB} = \frac{PM}{QM}$$

共角定理 若 $\angle ABC$ 与 $\angle A'B'C'$ 相等或互补,则有

$$\frac{\triangle ABC}{\triangle A'B'C'} = \frac{AB \cdot BC}{A'B' \cdot B'C'}$$

证明 不妨设 $\angle ABC$ 与 $\angle A'B'C'$ 的两边对应重合,或设这两个角互为邻补角,如图 3.

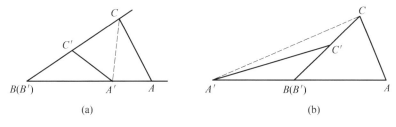

图 3

由基本命题,在图 3 的(a)与(b)两种情形下都有

$$\frac{\triangle ABC}{\triangle A'B'C'} = \frac{\triangle ABC}{\triangle A'BC} \cdot \frac{\triangle A'BC}{\triangle A'B'C'} = \frac{AB}{A'B'} \cdot \frac{BC}{B'C'}$$

别看这两个定理得来全不费工夫,它们却出乎意料地有用.从下面这个例子,略见一斑.

例 1 设 $\triangle ABC$ 的两条中线 AM,BN 交于 G. 求证: $AM=3GM$.

证明 如图 4,由共边定理得

$$\frac{AG}{GM} = \frac{\triangle GAB}{\triangle GBM} = \frac{\triangle GAB}{\triangle GBC} \cdot \frac{\triangle GBC}{\triangle GBM} = \frac{AN}{CN} \cdot \frac{BC}{BM} = 2$$

即 $AG=2GM$,从而 $AM=3GM$.

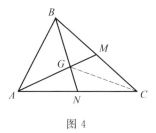

图 4

在通常的几何教科书中,这个题目被认为是颇不简单的命题,出现得较晚. 注意到面积关系,还可以随便给出几种证法,而且起点都很低.事实上,利用共边三角形,不但可以简捷地导出平面几何中的所有重要基本定理(限于篇幅,不一一列举),而且还能给出一些更难的问题的证法.比方说下面这个例子,可以说是奥林匹克水平的问题.

例 2 已知 A,B,C,D 中任三点不共线,直线 AD,BC 交于 K,直线 AB,CD 交于 L,直线 KL 与直线 AC,BD 分别交于 G,F. 求证: $\frac{KF}{LF} = \frac{KG}{LG}$.

证明 有 3 种情形,如图 5 的(a)~(c).

下面基于共边定理的推导,适于这 3 种情形

$$\frac{KF}{LF} = \frac{\triangle KBD}{\triangle LBD} = \frac{\triangle KBD}{\triangle KBL} \cdot \frac{\triangle KBL}{\triangle LBD} = \frac{DC}{CL} \cdot \frac{KA}{DA} =$$

$$\frac{\triangle ADC}{\triangle ACL} \cdot \frac{\triangle KAC}{\triangle ADC} = \frac{\triangle KAC}{\triangle ACL} = \frac{KG}{LG}$$

这个题目有一个特款:在图 5(a) 中令 G 趋于无穷,则 $AC \parallel KL$,这时 F 恰是 KL 的中点.证明如下

$$\frac{KF}{LF} = \frac{\triangle KBD}{\triangle KBL} \cdot \frac{\triangle KBL}{\triangle LBD} = \frac{DC}{CL} \cdot \frac{KA}{DA} =$$

$$\frac{\triangle ADC}{\triangle ACL} \cdot \frac{\triangle KAC}{\triangle ADC} = \frac{\triangle KAC}{\triangle ACL} = 1$$

即
$$KF = LF$$

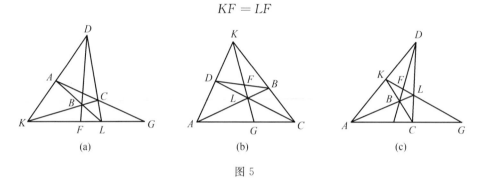

图 5

根据我国著名几何学家苏步青的建议,这一特款曾被选为1978年全国中学数学竞赛题.华罗庚教授在文[2]中指出,例 2 包含了射影几何的基本原理.他利用三角函数给出图 5(a) 情形下的证明.该证明长 14 行(如果分式算两行,就是 23 行),并 3 次使用省略语"同理""同样可得到""类似地可以证明".我们用简单得多而且起点低得多的方法一举对 3 种情形做出统一的证明,可见建立有力工具是多么重要.

以上例子只用到共边三角形.下面两个例子告诉我们,共角三角形的作用也毫不逊色.

例 3(圆内的蝴蝶定理)[3] 设 M 是圆 O 的弦 AB 的中点,过 M 作圆 O 的另两个弦 CD,EF,弦 CF,DE 分别与 AB 交于 H,G(图 6).求证:$MH = MG$.

证明 注意到图 6 中 $\angle 1 = \angle 2$,$\angle 3 = \angle 4$,$\angle C = \angle E$,$\angle D = \angle F$,由共角定理得

$$1 = \frac{\triangle \text{I}}{\triangle \text{II}} \cdot \frac{\triangle \text{II}}{\triangle \text{III}} \cdot \frac{\triangle \text{III}}{\triangle \text{IV}} \cdot \frac{\triangle \text{IV}}{\triangle \text{I}} =$$

$$\frac{MC \cdot MH}{MD \cdot MG} \cdot \frac{MD \cdot DG}{MF \cdot FH} \cdot \frac{MF \cdot MH}{ME \cdot MG} \cdot \frac{ME \cdot EG}{MC \cdot CH} =$$

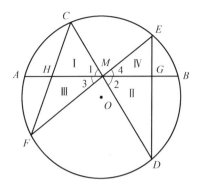

图 6

$$\frac{MH^2 \cdot DG \cdot EG}{MG^2 \cdot FH \cdot CH} = \frac{MH^2 \cdot AG \cdot GB}{MG^2 \cdot AH \cdot HB}$$

记 $MH = x, MG = y, AM = MB = a$，得

$$1 = \frac{x^2(a+y)(a-y)}{y^2(a+x)(a-x)}$$

即

$$x^2(a^2 - y^2) = y^2(a^2 - x^2)$$

展开并合并同类项得 $x^2 = y^2$，即 $MH = MG$.

下面的例子是第 31 届国际数学奥林匹克试题之一，它难住了许多解题能手. 但如果熟悉共角定理及面积方法，这个题目就不算难题了.

例 4 圆内两弦 AB, CD 交于 E，在 BE 上取一点 M，过 M, D, E 作圆，再作此圆在 E 处的切线分别交直线 BC, AC 于 F, G. 若已知 $AM = \lambda BM$，求 $\dfrac{GF}{EF}$.

解 注意到图 7 中标出的等角

$$\angle AEG = \angle EDM, \angle CEF = \angle EMD$$

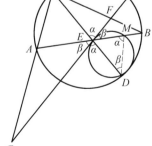

图 7

利用面积关系及共角定理得

$$\frac{BE}{AE} = \frac{\triangle BEC}{\triangle AEC} = \frac{(\triangle CEF + \triangle BEF)}{(\triangle CEG - \triangle AEG)} \cdot \frac{\triangle MDE}{\triangle MDE} = \frac{\frac{\triangle CEF}{\triangle MDE} + \frac{\triangle BEF}{\triangle MDE}}{\frac{\triangle CEG}{\triangle MDE} - \frac{\triangle AEG}{\triangle MDE}} =$$

$$\frac{\frac{EF \cdot CE}{ME \cdot MD} + \frac{EF \cdot BE}{DE \cdot MD}}{\frac{GE \cdot CE}{ME \cdot MD} - \frac{GE \cdot AE}{DE \cdot MD}} = \frac{EF}{GE} \cdot \frac{(CE \cdot DE + ME \cdot BE)}{(CE \cdot DE - ME \cdot AE)} =$$

$$\frac{EF(AE \cdot BE + ME \cdot BE)}{GE \cdot (AE \cdot BE - ME \cdot AE)} = \frac{EF \cdot BE(AE + ME)}{GE \cdot AE(BE - ME)} =$$

$$\frac{EF}{GE} \cdot \frac{BE}{AE} \cdot \frac{AM}{BM} = \lambda \cdot \frac{EF}{GE} \cdot \frac{BE}{AE}$$

所以
$$GE = \lambda EF$$

即
$$GF = (1+\lambda)EF$$

五、广义共角定理

共边定理与共角定理还没有涉及几何不等式,并且它们只涉及线段比而不直接涉及线段长的计算.因此,我们需要一个与不等式有关的工具.

广义共角定理 若 $\angle ABC + \angle A'B'C' < 180°$,并且 $\angle ABC > \angle A'B'C'$,则

$$\frac{\triangle ABC}{\triangle A'B'C'} > \frac{AB \cdot BC}{A'B' \cdot B'C'}$$

证明 如图8,把 $\triangle ABC$ 与 $\triangle A'B'C'$ 沿 BC,$B'C'$ 拼合,使 B 与 B' 重合,连 AA' 与 BC 交于 P,并作 $\angle ABA'$ 的平分线 BQ,则

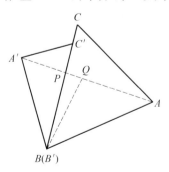

图 8

$$\frac{\triangle ABC}{\triangle A'B'C'} = \frac{\triangle ABC}{\triangle APB} \cdot \frac{\triangle APB}{\triangle A'PB} \cdot \frac{\triangle A'PB}{\triangle A'B'C'} = \frac{BC}{BP} \cdot \frac{AP}{A'P} \cdot \frac{PB}{B'C'} >$$

$$\frac{BC}{B'C'} \cdot \frac{AQ}{A'Q} = \frac{BC}{BC'} \cdot \frac{\triangle ABQ}{\triangle A'B'Q} =$$

$$\frac{BC}{B'C'} \cdot \frac{AB \cdot BQ}{A'B' \cdot BQ} = \frac{AB \cdot BC}{A'B' \cdot B'C'}$$

有一个很简单的事实,欧几里得却未能在其《原本》中加以证明.这就是著名的斯坦纳—雷米欧司(J. Steiner-C. L. Lehmus)定理,它在19世纪中叶才被证明.用我们的方法,它竟成了一个很平常的题目.

例 5(斯坦纳—雷米欧司定理)[3] 设在 $\triangle ABC$ 中,$\angle B$,$\angle C$ 的角平分线 BD,CE 相等(图9).求证:$AB = AC$.

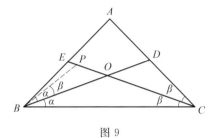

图 9

证明 设 $\angle ABC = 2\alpha$,$\angle ACB = 2\beta$.不妨设 $AC \geq AB$,则 $\alpha \geq \beta$.

设 O 是 BD,CE 的交点.在线段 OE 上取点 P 使得 $\angle PBO = \beta$,则

$$\angle BPC = \angle CDB, \angle PBC \geq \angle DCB$$

由共角定理及广义共角定理得

$$\frac{BP \cdot PC}{CD \cdot DB} = \frac{\triangle BPC}{\triangle CDB} \geq \frac{BP \cdot BC}{CD \cdot BC} = \frac{BP}{CD}$$

所以

$$\frac{PC}{DB} \geq 1$$

即

$$PC \geq DB$$

但 $DB = CE \geq PC \geq DB$,故 $PC = CE$,即 P 与 E 重合,故 $\angle EBO = \alpha = \beta$,即知 $AB = AC$.

可见,广义共角定理不仅蕴含基本的不等式,还能用于直接解决难度较大的问题,和用面积方法能统一处理一系列著名的涉及不等式的难题,请参见文[4].

六、勾股差定理

平面几何中线段计算的主要工具——勾股定理,正是面积方法的肇始.

现在我们需要推广这个定理. 对于任意的 $\triangle ABC$,我们把 $a^2+b^2-c^2$ 叫作 $\angle C$ 所对应的勾股差. 用面积方法可以证明:

勾股差定理 若在 $\triangle ABC$ 和 $\triangle A'B'C'$ 中 $\angle ACB$ 与 $\angle A'C'B'$ 相等或互补,则

$$\frac{\triangle ABC}{\triangle A'B'C'} = \pm \frac{a^2+b^2-c^2}{a'^2+b'^2-c'^2}$$

其符号当两角相等时为正,互补时为负.

勾股差定理以勾股定理为特款. 因为当两角均为直角时,等式中的符号可正可负,而当 $\triangle ABC$,$\triangle A'B'C'$ 非零时,必有 $a^2+b^2-c^2=a'^2+b'^2-c'^2=0$. 用勾股差定理计算线段长度十分方便,如下面这个例子.

例 6(斯蒂瓦尔特定理) 设 P 是 $\triangle ABC$ 的 AB 边上的任一点. 记 $PA=x$,$PB=y$,$PC=z$,$BC=a$,$AC=b$,则有

$$a^2 x + b^2 y = (x+y)(xy+z^2)$$

证明 如图 10,对 $\angle APC$ 与 $\angle BPC$ 应用勾股差定理得

$$\frac{x}{y} = \frac{\triangle APC}{\triangle BPC} = -\frac{x^2+z^2-b^2}{y^2+z^2-a^2}$$

整理后即得

$$a^2 x + b^2 y = (x+y)(xy+z^2)$$

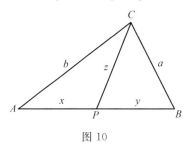

图 10

七、面积方法的普遍有效性

或许有人认为,面积方法只对平面几何中的一部分问题有效,不见得普遍有效. 那么让我们看看,上面引进的共边定理、共角定理、广义共角定理和勾股差定理反映了平面几何中的哪些基本事实.

共边定理,实际上刻画了两直线交点的度量特征. 它比解析几何里的直线

方程起点低得多,更直观,也更简洁,但它起了直线方程的作用.

共角定理,有着正弦定理的功能. 不难看出,比值 $\dfrac{\triangle ABC}{AB \cdot BC}$ 恰是 $\dfrac{1}{2}\sin\angle ABC$. 引进正弦符号,即可得正弦定理.事实上,共角定理可以看成不出现正弦符号的正弦定理.

广义共角定理不过是说明了正弦函数在 $0°\sim 90°$ 范围内递增.

至于勾股差定理,则显然是余弦定理的变形.

这 4 条定理既然背后有直线相交的度量特征、正弦定理、余弦定理、正弦函数的增减性等支持着,那么,还有什么平面几何问题不能解决呢?

大家知道,几何题总有三角解法.现在,三角解法又总可化归为面积方法.面积方法有资格成为通用方法,根据就在这里.

但是,从几何走到三角,再从三角回来解几何题,要兜一个圈子.面积方法不绕圈子,抄近道,因而往往显得简洁.当然,三角法引入函数概念,用于数值计算,推动数学向前发展了一步,这就不是面积法能完全代替的了.但读者将在下一期《自然杂志》笔者的文章中看到,面积法不仅不排斥三角,而且能提供进入三角园地的一条捷径.

参考资料

[1] A. A. 斯托利亚尔.数学教育学.北京:人民教育出版社,1984.
[2] 华罗庚.全国中学数学竞赛题解(1978).北京:科学普及出版社,1978.
[3] 左宗明.世界数学名题选讲.上海:上海科学技术出版社,1990.
[4] 井中,沛生.从数学教育到教育数学.成都:四川教育出版社,1989.

再谈欧几里得欠下的一笔老债*

从几何到三角,再到解析几何,历史上经过了一千多年的历程,逻辑上也需要一系列环节的过渡(甚至革命).而用面积方法,便能轻而易举地跨越这一千多年的时光,并使原有的一系列逻辑环节成为不再必要的累赘.

笔者在上期《自然杂志》的文章[1]中已向读者展现了面积方法及其基本工具 —— 共边定理、共角定理、广义共角定理和勾股差定理所开拓的初等几何新天地.但我们不应满足于在初等几何的园地里久久地徘徊,而应沿着与历史发展平行的轨迹,在数学天地里走得更远一些.三角,是第一站,也是重要的一站.

一、三角园地的新路

面积方法为我们提供了直接进入三角园地的捷径.

首先要定义三角函数.传统的定义方法依赖于相似形的概念和结果,我们却能开门见山地引入三角函数.

定义 边长为1、有一个角为 A 的菱形面积数(即菱形面积与单位正方形面积之比),叫作 $\angle A$ 的正弦,记作 $\sin^* A (0° \leqslant \angle A \leqslant 180°)$.

换句话说,顶角为 A、腰长为1的等腰三角形面积的两倍,

---

* 井中:《再谈欧几里得欠下的一笔老债》,《自然杂志》1992 年第 15 卷第 2 期.

叫作 $\sin^* A (0° \leqslant \angle A \leqslant 180°)$.

这里在通常的正弦符号 sin 的右上角，加了一个"*"号，以示我们的正弦定义与通常的正弦定义不同，但在下面将看到，这种区别是不必要的.

由此定义可知，$\sin^* 0° = \sin^* 180° = 0, \sin^* 90° = 1, \sin^* A = \sin^* (180° - A)$（图 1）.

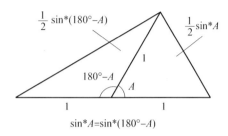

$\sin^* A = \sin^* (180° - A)$

图 1

按照这个定义和共角定理，马上可以引进：

面积公式　对任意 $\triangle ABC$，有

$$\triangle ABC = \frac{1}{2} ac \sin^* B = \frac{1}{2} bc \sin^* A = \frac{1}{2} ab \sin^* C$$

（同文[1]，这里记号 $\triangle ABC$ 也表示 $\triangle ABC$ 的面积.）

证明是简单的. 设 $\angle ABC = \angle A'B'C', A'B' = B'C' = 1$，由共角定理

$$\frac{\triangle ABC}{\triangle A'B'C'} = \frac{ac}{1 \times 1} = ac$$

按定义

$$\triangle A'B'C' = \frac{1}{2} \sin^* \angle A'B'C' = \frac{1}{2} \sin^* B$$

所以

$$\triangle ABC = \frac{1}{2} ac \sin^* B$$

替换字母，即得三角形面积公式的另外两个式子.

从上述面积公式可以立刻得到正弦定理. 此外，面积公式还有更多的用途，例如，用它马上可以导出三角学的一个基本定理——正弦加法定理.

这里首先应当说明一下，用菱形面积定义的正弦和通常的正弦是不是同一个内容？设 $\triangle ABC$ 中 $\angle C$ 为直角，由我们的面积公式得

$$\frac{ab}{2} = \triangle ABC = \frac{1}{2} bc \sin^* A$$

由此即得

$$\sin^* A = \frac{a}{c}$$

这表明,我们给出的正弦概念与通常的正弦是一致的.因此,sin 右上角的"*"号可以略去.

现在转向正弦加法定理.如图 2,AD 是 $\triangle ABC$ 的高,它把 $\angle BAC$ 分成 α, β 两个角.

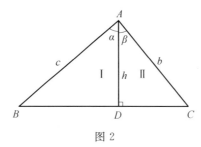

图 2

从等式
$$\triangle ABC = \triangle\text{I} + \triangle\text{II}$$
出发,两端用面积公式代入得
$$\frac{1}{2}bc\sin(\alpha+\beta) = \frac{1}{2}ch\sin\alpha + \frac{1}{2}bh\sin\beta$$
上式两边同时除以 $\dfrac{bc}{2}$,并且注意到
$$\frac{h}{b} = \sin C = \sin(90°-\beta), \quad \frac{h}{c} = \sin B = \sin(90°-\alpha)$$
便得:

正弦加法定理
$$\sin(\alpha+\beta) = \sin\alpha\sin(90°-\beta) + \sin\beta\sin(90°-\alpha)$$
再引入余弦记号,即约定
$$\cos x = \begin{cases} \sin(90°-x) & (0° \leqslant x \leqslant 90°) \\ -\sin(x-90°) & (90° < x \leqslant 180°) \end{cases}$$
便可以把正弦加法定理写成熟知的形式
$$\sin(\alpha+\beta) = \sin\alpha\cos\beta + \sin\beta\cos\alpha$$

我们看到,在三角学中如此重要的这条定理,不过是图 2 所示"一个三角形分成两块,两块面积加起来等于整个三角形面积"这一平凡事实的一种表述方式而已.

三角学里众多的恒等式与不等式,大部分可以从面积关系直接或间接导出.限于篇幅,这里略举数例.

例 1 设 4 个角 $\alpha, \beta, \gamma, \delta$ 之和为 $180°$.求证:有三角恒等式
$$\sin(\alpha+\beta)\sin(\beta+\gamma) = \sin\alpha\sin\gamma + \sin\beta\sin\delta$$

证明 如图 3,作 $\triangle ABC$,使得 $\angle B = \delta, \angle C = \gamma$,则 $\angle BAC = \alpha+\beta$.在 BC

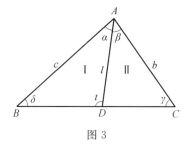

图 3

上取一点 D,使 $\angle BAD$,$\angle CAD$ 分别为 α,β. 由
$$\triangle ABC = \triangle \text{I} + \triangle \text{II}$$
得
$$\frac{1}{2}bc\sin(\alpha+\beta) = \frac{1}{2}lc\sin\alpha + \frac{1}{2}lb\sin\beta$$
这里 $l=AD$,$b=AC$,$c=AB$. 上式两边同除以 $\dfrac{bc}{2}$,得
$$\sin(\alpha+\beta) = \frac{l}{b}\sin\alpha + \frac{l}{c}\sin\beta$$
再利用正弦定理及 $\sin(\alpha+\delta) = \sin(\beta+\gamma)$,得
$$\frac{l}{b} = \frac{\sin\gamma}{\sin\angle ADC} = \frac{\sin\gamma}{\sin(\alpha+\delta)} = \frac{\sin\gamma}{\sin(\beta+\gamma)},\ \frac{l}{c} = \frac{\sin\delta}{\sin t} = \frac{\sin\delta}{\sin(\beta+\gamma)}$$
代入前式,去分母即得
$$\sin(\alpha+\beta)\sin(\beta+\gamma) = \sin\alpha\sin\gamma + \sin\beta\sin\delta$$

例 2(托勒密定理) 设 $ABCD$ 是圆内接四边形. 求证
$$AC \cdot BD = AB \cdot CD + AD \cdot BC$$

证明 如图 4,标注 α,β,γ,δ 诸角并设圆的直径为 d 之后,有
$$\sin\alpha = \frac{BC}{d},\ \sin\beta = \frac{CD}{d}$$
$$\sin\gamma = \frac{AD}{d},\ \sin\delta = \frac{AB}{d}$$

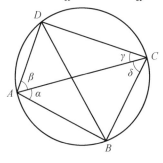

图 4

$$\sin(\alpha+\beta)=\frac{BD}{d},\sin(\beta+\gamma)=\frac{AC}{d}$$

代入例 1 中的恒等式,两端乘以 d,即得所要的等式.

新加坡大学的李秉彝教授了解到笔者在文[2]中所发展的面积方法时,曾提出问题:能不能用面积方法(不借助于三角恒等式,当然更不能用微积分中的拉格朗日中值定理)直接证明不等式

$$\sin x - \sin y \geqslant (x-y)\cos x \quad (0 \leqslant y \leqslant x \leqslant \frac{\pi}{2})$$

这里 x,y 均为弧度数.下面给出回答.

如图 5,设 $\triangle ABD$ 是顶角为 $\angle BAD=x-y$,腰为 $AB=AD=c$ 的等腰三角形.在 BD 的延长线上取点 C 使得 $\angle CAB=x$,则 $\angle CAD=y$.设 DE,CF 分别是 $\triangle ABD,\triangle ABC$ 的高,CF 交 AD 于 H,再以 A 为中心,AF 为半径作弧交 AD 于 G.由

$$\triangle ABC - \triangle ADC = \triangle ABD$$

得

$$\frac{1}{2}bc\sin x - \frac{1}{2}bc\sin y = \frac{1}{2}c \cdot DE$$

所以

$$\sin x - \sin y = \frac{DE}{b} \geqslant \frac{FH}{b} \geqslant \frac{\widehat{FG}}{b} = \frac{1}{b}(x-y)b\cos x = (x-y)\cos x$$

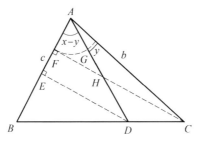

图 5

查有梁教授在文[3]中提到他所发现的一个计算圆锥曲线的曲率的简单公式.设圆锥曲线的极坐标方程为

$$r = \frac{p}{1+e\cos\theta}$$

又设 α 是曲线上某点 A 处的切线与该点关于极点的向径成的夹角,则点 A 的曲率半径

$$\rho = \frac{p}{\sin^3\alpha}$$

这个公式大大优越于传统的公式.查教授告诉笔者,他多年寻求这一公式的初

等证明而未获成功.这里,用面积方法给出上述公式的一种证法.

图 6 画出了圆锥曲线 Γ 的一部分.极坐标的极点为 O,极轴为 OM.曲线 Γ 的方程为 $r=r(\theta)$,A,B,C 是 Γ 上的 3 个点,并有 $\angle BOA = \angle AOC = h$.设 $OA=r$,$OB=r_1$,$OC=r_2$,OA 与 BC 交于 D,分别以 a,b,c 记 $\triangle ABC$ 的三边 BC,CA,AB,以 $\angle AOM$,$\angle BOM$,$\angle COM$,$\angle ADB$,$\angle ABO$,$\angle ACO$ 顺次记作 $\theta,\theta-h,\theta+h,\varphi,\beta,\gamma$,则有 $r=r(\theta)$,$r_1=r(\theta-h)$,$r_2=r(\theta+h)$ 等.

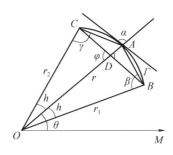

图 6

设 $\triangle ABC$ 的外接圆半径为 $\rho(\theta,h)$,则 Γ 在 A 处的曲率半径 $\rho(\theta)= \lim\limits_{h\to 0}\rho(\theta,h)$.而 $\rho(\theta,h)$ 可由 $\triangle ABC$ 的面积与其 3 条边长所确定,亦即

$$\frac{1}{\rho(\theta,h)}=\frac{4\triangle ABC}{abc} \tag{1}$$

但

$$\triangle ABC = \frac{a}{2}AD\sin\varphi = \frac{a}{2}(r-OD)\sin\varphi \tag{2}$$

又由 $\triangle OBC = \triangle OBD + \triangle OCD$,得

$$\frac{1}{2}r_1 r_2 \sin 2h = \frac{1}{2}ODr_1\sin h + \frac{1}{2}ODr_2\sin h$$

利用 $\sin 2h = 2\sin h\cos h$ 代入后解出

$$OD = \frac{2r_1 r_2 \cos h}{r_1+r_2} \tag{3}$$

再利用

$$\frac{r_1 r\sin h}{br_2\sin\gamma}=\frac{\triangle OAB}{\triangle OAC}=\frac{cr_1\sin\beta}{rr_2\sin h}$$

得到

$$bc = \frac{r^2\sin^2 h}{\sin\beta\sin\gamma} \tag{4}$$

把式(2)~(4)代入式(1),令 $h\to 0$ 得

$$\lim_{h\to 0}\frac{1}{\rho(\theta,h)} = 2\sin^3\alpha \lim_{h\to 0}\frac{r-\dfrac{2r_1 r_2}{r_1+r_2}\cos h}{r^2\sin^2 h} \tag{5}$$

17

利用 Γ 的方程得
$$r=\frac{p}{1+e\cos\theta},r_1=\frac{p}{1+e\cos(\theta-h)},r_2=\frac{p}{1+e\cos(\theta+h)}$$
代入式(5)可得
$$\frac{1}{\rho(\theta)}=\frac{\sin^3\alpha}{p}$$

二、面积与解析几何

从面积出发,可以直接引出点的坐标,从而建立解析几何.这里仅提一下坐标的定义.

如图 7,任取一个 $\triangle A_1A_2A_3$,面积 $S\neq 0$,把它叫作基本三角形.在它内部取一点 P_1,得到 3 个三角形:$\triangle P_1A_2A_3$,$\triangle A_1P_1A_3$ 和 $\triangle A_1A_2P_1$.面积顺次记为 s_1,s_2 和 s_3.这时,有 $s_1+s_2+s_3=S$,我们把 (s_1,s_2,s_3) 叫作 P_1 关于基本 $\triangle A_1A_2A_3$ 的面积坐标.

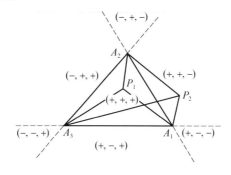

图 7

如果点 P_2 在 $\triangle A_1A_2A_3$ 之外,仍将有
$$\triangle A_1A_2A_3=\pm\triangle P_2A_2A_3\pm\triangle A_1P_2A_3\pm\triangle A_1A_2P_2$$
据 P_2 的位置选择"$+$""$-$"号,例如在图 7 中,有
$$\triangle A_1A_2A_3=\triangle P_2A_2A_3+\triangle A_1P_2A_3-\triangle A_1A_2P_2$$
这时记 s_1,s_2,s_3 分别为 $\triangle P_2A_2A_3$,$\triangle A_1P_2A_3$,$-\triangle A_1A_2P_2$,于是仍有 $s_1+s_2+s_3=S$.图 7 中标出了各个区域中"$+$""$-$"号的取法.

一般地,点 P 的坐标可这样定义:3 个实数 s_1,s_2,s_3 满足条件 $s_1+s_2+s_3=S$,并且 $|s_1|$,$|s_2|$,$|s_3|$ 分别为 $\triangle PA_2A_3$,$\triangle A_1PA_3$,$\triangle A_1A_2P$,则称 (s_1,s_2,s_3) 为点 P 在基本 $\triangle A_1A_2A_3$ 所决定的坐标系中的面积坐标.

知道了 s_1,s_2,s_3 中的两个,比方说 s_1,s_2,第三个 s_3 也就知道了.这样得到的 (s_1,s_2) 就成为平面上的仿射坐标.如果 $\angle A_1A_3A_2$ 为直角,并且 $A_1A_3=A_2A_3$,就成为常用的直角坐标.

另一个确定(s_1,s_2,s_3)的方法是给出比值$s_1:s_2:s_3$,这样可得到点的射影坐标.

于是,面积坐标就把直角坐标、仿射坐标和射影坐标统一起来了.

任给3个实数x_1,x_2,x_3,(x_1,x_2,x_3)不一定是平面上某个点的面积坐标. 但如果$x_1+x_2+x_3=m$不为零,取$(s_1,s_2,s_3)=\left(\dfrac{x_1 S}{m},\dfrac{x_2 S}{m},\dfrac{x_3 S}{m}\right)$,则$s_1+s_2+s_3=S$,可见$(s_1,s_2,s_3)$是某点$P$的面积坐标. 这时我们称$(x_1,x_2,x_3)$是一个质量为$\dfrac{m}{S}$的质点,质点的位置为$P$. 这样可以建立具有鲜明物理意义的质点几何学[4].

当$x_1+x_2+x_3=0$时,我们称(x_1,x_2,x_3)为一个向量. 这样,向量恰为两点的面积坐标之差,而点与向量之和仍是点.

面积,又把点的几何、质点的几何、向量的几何联系在一起了.

从面积出发建立坐标,展开解析几何的研究,内容十分丰富. 笔者在文[2]中做了初步论述. 文[5]中举出了面积坐标的一种——重心坐标的许多有趣的应用. 这里,只能简单地开一个头罢了.

三、关于公理体系

自欧几里得以来的几何学家们,花了很大力气研究几何公理体系. 希尔伯特在1899年发表的名著《几何基础》,阐明了近代公理法的基本思想,提出了欧氏几何学的一套完整的公理系统. 这一工作对近代数学思想的影响之大是众所周知的.

但是,对公理体系的研究,不应当是几何基础研究中最重要的部分. 如果把几何学看成一座壮丽的城市,公理就好比是机场、车站或码头,是城市的入口处,是旅游观光者的必经之处. 对旅游者来说,机场、车站固不可少,城市内部的交通设施更为重要. 几何学中,如何从几个基本命题出发展开它五光十色的胜景,如何建立得心应手、克敌制胜的解题工具,这好比是优化、完善城市的交通系统. 希尔伯特的工作,引起了几十年的公理热. 关于欧氏几何的新公理体系一再被提出,但多数都是就公理谈定理,不涉及公理的展开与方法的改造. 这好比是都热衷于建造飞机场、火车站和码头,但对城市内部陈旧的交通设施却无人关心. 这种情形与现代科技对数学教育的要求显然是格格不入的,也不利于作为一种文化的数学传播与继承. 希尔伯特在《几何基础》中所提出的公理体系,十分烦琐,而且把几何从其他数学中孤立出来,其中还有大量证明方面的空白有待填补,因而不可能作为数学教育中几何的基础. 希尔伯特为几何城市修建了一个完善的机场,但由于进出手续过繁而且费用昂贵,旅客们并不愿意使用它.

看到这一点,不少数学大师着手修建了较实用的"机场". 例如,柯尔莫哥洛夫为中学几何提出了包含 12 条公理的系统,特点是公理中承认了实数和距离. 美国著名几何学家布鲁门塞尔(L. M. Blumenthal)提出了包含 6 条公理的平面几何体系,其基本概念是点与距离. 由于公理中用到凸性、完备性及行列式的概念,无法作为中学课程的基础. 德国数学家韦尔(H. Weyl)提出的包含 17 条公理的系统,则以向量为基础. 不过,布鲁门塞尔和韦尔的系统,主要是为了建设新的几何城市. 古老的欧几里得的几何城市,两千多年来,内部交通设施并没有得到更新.

我们认为,几何基础的研究,应当把几何学内部结构的优化作为一项重要内容. 公理学说是为内部结构的优化服务的,它不是几何基础的主体. 我们提出的共边定理、共角定理,目的正是为了优化几何内部结构,为来几何之城观光的旅客提供便利的交通设施. 这些优化了的交通系统可以与任一座机场、车站或码头连起来. 不论用什么公理系统,只要先把三角形面积公式建立起来,便能顺利地进入我们所设计的市内交通系统. 我们提供的方法,由于起点低,因而有高度的通用性,不仅对各种题目通用,也对各种公理系统通用.

尽管公理系统不是最重要的,尽管我们引入的方法适于任一种公理系统,但为满足传统看法的要求,也可建立一套与我们所引入的方法适应得更好的公理系统. 例如,在文[2]中笔者曾提出如下的公理系统.

平面几何的基本概念是点. 两点 A,B 确定一个非负实数,叫作距离,记作 $|AB|$;3 点 A,B,C 确定一个非负实数,叫作这 3 点支撑的面积,记作 $|ABC|$;有序的 3 点 A,B,C,当 $|AB||BC|\neq 0$ 时,确定一个非负实数,叫作有序点组 $A-B-C$ 确定的角度,记作 $\angle ABC$. 距离、面积与角度之间,满足下列关系:

(1) 距离公理:$|AB|=|BA|$,且 $|AB|=0$ 的充要条件是 $A=B$.

(2) 线段连续公理:设 $|AB|=r>0$,对任一对满足 $x+y=r$ 的实数 x,有且仅有一点 P 使 $|AP|=|x|$,$|BP|=|y|$.

其中那些非负的 (x,y) 所对应的点 P 的集合组成线段 AB;而对应于 $x<0$ 的那些 P 组成 BA 的延长线,对应于 $y<0$ 的那些 P 组成 AB 的延长线. 所有这些点 P 组成直线 AB.

(3) 面积公理:$|ABC|=|BAC|=|ACB|=0$ 的充要条件是 A,B,C 在同一条直线上.

(4) 非退化公理:平面上至少有 3 个点 A,B,C,使 $|ABC|\neq 0$.

(5) 线性公理:若 A,B,C 3 点在一条直线上,$|AB|=\lambda|AC|$,P 是平面上任一点,则

$$|PAB|=\lambda|PAC|$$

(6) 维数公理：平面上任意 4 点 A,B,C,D，如果 3 对线段 AB 与 CD，AC 与 BD，AD 与 BC 中每一对都没有异于 A,B,C,D 的公共点，则 $|ABC|$，$|ACD|$，$|ABD|$，$|BCD|$ 中必有一个等于另外 3 个之和.

如果
$$|DAB|+|DBC|+|DCA|=|ABC|>0$$
便称 D 属于三角形域 ABC. 当上式左边全不为零时，称 D 为域 ABC 的内点；若不然，则称 D 为域 ABC 的边界点. 平面上其余的点，叫作域 ABC 的外点.

(7) 若当公理：若 P 是域 ABC 的内点，而 Q 是域 ABC 的外点，则线段 PQ 上必有域 ABC 的边界点.

(8) 角度公理：$\angle ABC$ 在 0 到 π 之间，且 $\angle ABC=\angle CBA$. 若 B 在线段 AC 上，则 $\angle ABC=\pi$；当且仅当 A 在线段 BC 上或 C 在线段 AB 上时，有 $\angle ABC=0°$.

(9) 角度连续公理：若 $\angle PAQ=\pi$，而 B 是不同于 A 的点，则 $\angle BAQ+\angle BAP=\pi$；若 $\angle PAQ<\pi$，而 B 在线段 PQ 上，则 $\angle BAQ+\angle BAP=\angle PAQ$，并且当 $\angle PAQ>0$ 时，对任意实数 $0\leqslant\lambda\leqslant 1$，在线段 PQ 上有唯一的一点 B，使 $\angle BAP=\lambda\angle QAP$.

(10) 合同公理：若 $\angle PAQ=\angle P'A'Q'$，$PA=P'A'$，$QA=Q'A'$，则 $|PAQ|=|P'A'Q'|$.

上述公理并不是相互独立的，但可以减弱使之成为独立的. 至于独立性及它与希尔伯特公理的等价性的讨论，就是另文的任务了.

在文[6]中建议把上述公理减为 7 条，基本度量只有距离和面积而没有角度. 角度可以再用定义引进. 至于在教学实践中怎样才方便且有效，就不是纸上谈兵可以回答的了.

以优化内部结构，建立锐利工具为主要目标的几何基础的新研究，与数学教育息息相关. 这方面的研究成果已迅速进入奥林匹克数学领域. 用它来取代或部分地改造传统几何教材，虽非指日可待，也绝不是遥遥无期. 看来，我们这一代，终将代欧几里得清偿那笔欠了两千多年的老债，开出一条通向几何的平坦之路.

参考资料

[1] 井中. 欧几里得欠下的一笔老债. 自然杂志，1992，15(1)：52-58.
[2] 井中，沛生. 从数学教育到教育数学. 成都：四川教育出版社，1989.
[3] 查有梁. 牛顿力学的横向研究. 成都：四川教育出版社，1987.

[4] 莫绍揆.初等数学论丛:第2辑.上海:上海教育出版社,1981.
[5] 杨路.初等数学论丛:第3辑.上海:上海教育出版社,1981.
[6] 左铨如.初等几何研究选讲.扬州:扬州师范学院出版社,1991.

格盘上的覆盖问题*

> **各**种方式的勤奋思索都有它的价值.
>
> ——S. M. 乌拉姆

一、骨牌对格盘的覆盖

这是一种很古老的数学游戏. 假设有一个棋盘, 由间隔距离全相同的 $m+1$ 条水平线和 $n+1$ 条竖直线画成. 如果把这间隔距离设为1, 那么这个棋盘就由 mn 个边长为1的小正方形格子所组成, 每行 n 个方格, 每列 m 个方格, 称它为一个 $m\times n$ 格盘. 而所谓骨牌, 通常指的是恰可盖住上述格盘中相邻两个格子的 1×2 矩形. 关于用骨牌覆盖格盘的最简单问题就是: 对什么样的正整数 m 与 n, 可用若干块骨牌完全覆盖一个 $m\times n$ 格盘? 这里"完全覆盖"的意思是, 诸骨牌不准交叠也不许伸出格盘, 而格盘中所有方格都被骨牌无一遗漏地盖住. 例如, 图1即是用15块 1×2 骨牌对 5×6 格盘的一种完全覆盖(图中用跨两格的粗线表示这两格被同一个骨牌所覆盖).

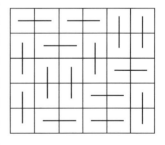

图1　5×6 格盘的一种完全覆盖(同时也是无隙覆盖)

这个问题的答案很容易给出:

---

* 康庆德:《格盘上的覆盖问题》,《自然杂志》1992年第15卷第5期.

$m\times n$ 格盘可被 1×2 骨牌完全覆盖的充要条件是 mn 为偶数. 此结论的证明十分简单, 故略.

进一步的问题是所谓的"无隙覆盖", 即要求格盘内部的每条水平线和竖直线都至少被一块骨牌压住. 比如图1给出的即是一种无隙覆盖. 这种覆盖当然是有实用价值的, 因为它避免了横贯或纵贯全格盘的"裂纹", 增强了整体性. 这对于垒墙、铺砌和镶嵌等工作都很重要. 但并非所有可以完全覆盖的格盘都能有无隙覆盖, 最典型的一个反例是 6×6 格盘, 读者可以试着用18块 1×2 骨牌去覆盖它, 你会发现: 无论怎样覆盖, 都会有 (至少) 一条线不能被骨牌压住. 这是为什么呢? 我们可以用反证法来说明这件事.

假设 6×6 格盘存在某种无隙覆盖. 因每行每列均为偶数格, 故在完全覆盖下压住每条线的骨牌数必为偶数, 而对无隙覆盖, 每条线将至少被两块骨牌压住. 但一块骨牌只能压住一条线. 6×6 格盘内共有10条线, 于是压住全部线的骨牌数至少需为 $2\times 10 = 20$. 这是不可能的, 因覆盖全盘总共只要18块骨牌!

关于无隙覆盖问题的一般结论, 我们在下一节讨论.

还可以对去掉一些格子的 $m\times n$ 格盘来考虑骨牌覆盖问题, 这就是所谓的"残盘覆盖"问题. 显然, 残盘可被 1×2 骨牌完全覆盖的必要条件首先应是总格数为偶数, 但仅仅满足这一点还不能保证覆盖可行. 例如, 对 $m\times n$ 格盘, 若 mn 为奇数, 则格盘去掉一格后的总格数 $mn - 1$ 为偶数. 然而此残盘是否可被骨牌覆盖还要取决于所去掉那格的位置. 如图2所示的两个 3×5 格盘各剪去一格后 (图中用黑色格子表示剪去的格子), 左边那个可用骨牌覆盖, 但右边那个却不能.

一般来讲, 若 $m\times n$ 格盘的诸行依次由上到下标为第 $1,2,\cdots,m$ 行, 诸列依次由左至右标为第 $1,2,\cdots,n$ 列, 则我们有以下结论: 当 mn 为奇数时, $m\times n$ 格盘去掉一格后可被 1×2 骨牌完全覆盖的充要条件是所去格的行、列号奇偶性相同.

图2中两残盘所去的格子分别在2行2列和2行3列. 左边那个是行、列号同奇偶的, 故能被覆盖; 右边那个则不是, 故不能. 现在我们来证明上述这个一般性结论.

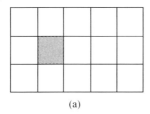
(a)

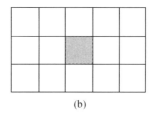
(b)

图2

为了直观,我们可将格盘的诸方格一黑一白地相间染色,就像国际象棋盘那样.比如图 2 中的 3×5 格盘即可画成图 3.

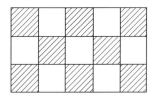

图 3 格盘的黑白染色

显然,任何覆盖中的任一块骨牌盖住的都必然是黑、白格各一个,因此格盘(或残盘)可被完全覆盖的另一必要条件应是上述染色法下黑白格总数相同.易知,当 mn 为奇数时,格盘四角同色,而且这种颜色的格子恰比另一种颜色的格子多一个,故所去掉的一格必须是与四角格子同色的,也即是行、列号奇偶性相同的.如果符合这一条件,我们可将格盘中全部格子按图 4 所示的蛇形路径排成一串.不妨假定四角格子均为黑色,于是因去掉的一格也为黑色,故在这种蛇形路径安排下各格的颜色依序为:黑白黑白 …… 黑白黑(所去格)白黑白黑 …… 白黑.不难看出,将骨牌依此路径之序分别在所去格之前与之后衔接排好,即可得到 $m\times n$ 格盘(mn 为奇数)去掉一个行、列号同奇偶的格子后的残盘覆盖.

图 4 蛇形路径覆盖法

若 mn 为偶数,则 $m\times n$ 格盘去掉两格后的总格数 $mn-2$ 虽仍为偶数却依旧不一定可被骨牌覆盖.仿照 mn 为奇数时的分析,在所述的黑白间隔染色下,所去掉的两个格子应是黑、白各一个才有可能.如果这一条件满足,则因这时四角格子必两黑两白,可以证明存在一条蛇形覆盖路径:黑白 …… 黑白黑(所去格)白黑 …… 白黑白(所去格)黑白 …… 黑白.

由此,我们有以下结论:当 mn 为偶数时,$m\times n$ 格盘去掉两格后可被 1×2 骨牌完全覆盖的充要条件是一个所去格的行、列号奇偶性同,而另一个所去格的行、列号奇偶性异.

关于骨牌覆盖还有一个计数问题,即对给定的正整数 m,n(当然 mn 为偶),用 1×2 骨牌完全覆盖 $m\times n$ 格盘的方式有多少种?若记此方式数为 $A(m,$

n),则显然有 $A(m,n)=A(n,m)$,而且 $A(1,n)=A(n,1)=1,A(2,n)=A(n,2)=F_{n+1}$(这里 F_{n+1} 为斐波那契数列的第 $n+1$ 项,斐波那契数列的开头两项为 1,以后每项都等于其前两项的和),但一般的 $A(m,n)$ 的计算是困难的.

二、矩形瓦片对格盘的覆盖

上节考察的是 1×2 小矩形(称为骨牌)对格盘的覆盖.如果放宽对小矩形尺寸的限制,我们自然需要考察 $a\times b$ 小矩形(常称为矩形瓦片)对格盘的覆盖问题,这里,a,b 为互素的正整数,且 $a<b$.我们将分别对完全覆盖和无隙覆盖给出有关结论.限于篇幅只能给出覆盖的图示,有关必要性的证明略去.图中字母 p,q,s,t 均为正整数.

(1)格盘可被 $a\times b$ 瓦片完全覆盖的充要条件是格盘的尺寸为 $pa\times qb$ 或 $pab\times(sa+tb)$.这两类格盘的完全覆盖分别示于图 5 和图 6.

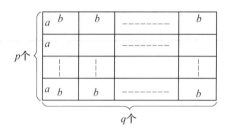

图 5 $pa\times qb$ 格盘的 $a\times b$ 完全覆盖

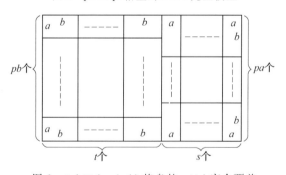

图 6 $pab\times(sa+tb)$ 格盘的 $a\times b$ 完全覆盖

(2)格盘可被 $a\times b$ 瓦片无隙覆盖的充要条件是格盘的尺寸为:
当 $a>1$ 时
$$\begin{cases} pa\times qb & (p\geqslant 2b+1,q\geqslant 2a+1) \\ pab\times q & (p\geqslant 3,q\geqslant 2ab+1 \text{ 或 } p\geqslant 3,q=ab+sa+tb<2ab) \end{cases}$$
当 $a=1$ 时
$$pb\times q \quad (p\geqslant 3,q\geqslant 2b+1,pb \text{ 与 } q \text{ 不同时为 } 6)$$

无隙覆盖的构造是复杂的,需分为图 7～12 这 6 种图示.诸图示中皆以粗短线表示 $a\times b$ 瓦片,图 7～9 中 $b>a\geqslant 2$,a,b 互素;图 10～12 中 $b\geqslant 2$(图 12 中 $b\neq 2$).所标注的数表示边缘一排瓦片的个数.全部参数均为正整数,仅对 s 限制为 $s<b$.

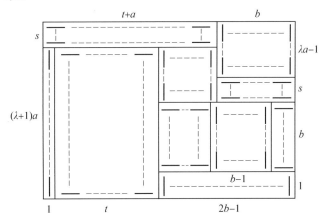

图 7　$((\lambda+1)b+s)a\times(2a+t)b$ 格盘的 $a\times b$ 无隙覆盖

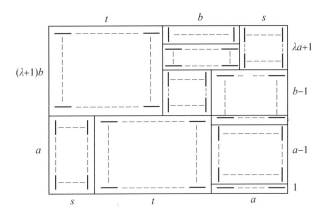

图 8　$(\lambda+2)ab\times(ab+sa+tb)$ 格盘的 $a\times b$ 无隙覆盖

很容易说明这 6 种覆盖方式都确实是无隙的,至于结论(2)的充分性可从下面得知:

当 $a>1$ 时,格盘 $pa\times qb$ 的无隙覆盖——当 $b\nmid p$ 时见图 7;当 $b\mid p$ 时,若 $a\mid q$ 见图 9,若 $a\nmid q$ 见图 7 的对偶(即将图 7 中 a,b 互换,瓦片放置方向也互调).

当 $a>1$ 时,格盘 $pab\times q$ 的无隙覆盖——当 $q<2ab$ 时见图 8;当 $q\geqslant 2ab+1$ 时,若 $ab\mid q$ 见图 9,否则见图 8 或图 8 的对偶.

当 $a=1$ 时,格盘 $pb\times q$ 的无隙覆盖——当 $b\nmid q$ 时见图 10;当 $b\mid q$ 时,若 $pb=3b=q(b>2)$ 见图 12,否则见图 11.

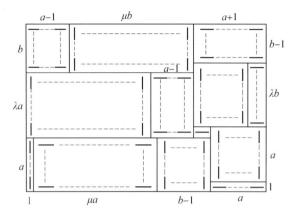

图 9 $(\lambda+2)ab\times(\mu+2)ab$ 格盘的 $a\times b$ 无隙覆盖

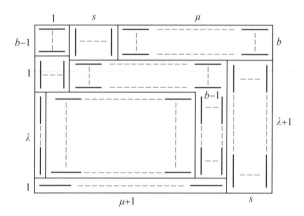

图 10 $(\lambda+2)b\times((\mu+1)b+s)$ 格盘的 $1\times b$ 无隙覆盖

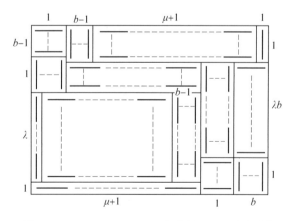

图 11 $(\lambda+2)b\times(\mu+3)b$ 格盘的 $1\times b$ 无隙覆盖

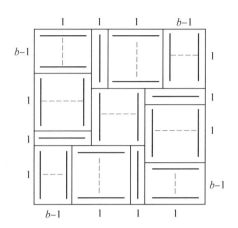

图 12 $3b \times 3b (b > 2)$ 格盘的 $1 \times b$ 无隙覆盖

矩形瓦片对格盘的无隙覆盖还有许多值得进一步研究的问题,比如:

(1) 对给定的正整数 a,b,m,n,若 $a \times b$ 瓦片可无隙覆盖 $m \times n$ 格盘,则有多少种覆盖方式?

(2) 用两种不同尺寸的矩形瓦片 $a \times b, p \times q$,可对哪些尺寸的格盘给出无隙覆盖?

(3) 考虑高维情形,比如用尺寸为 $a \times b \times c$ 的长方体砖块可堆砌成哪些尺寸的大长方体,使得不出现任一方向的平面断层?

(4) $t-$ 无隙覆盖问题,即要求格盘内部每条线都至少被 t 块矩形瓦片压住. 当 $t=1$ 时,即是前边已介绍过的无隙覆盖问题.

对问题(4),笔者曾给出过以下结论:格盘可被 1×2 骨牌 $2-$ 无隙覆盖的充要条件是格盘的尺寸为 $2p \times q$,其中 $p \geqslant 3, q \geqslant 7$,且 $(p,q) \neq (3,7), (3,9), (4,7)$.

三、其他瓦片对格盘的覆盖

如果不限于考虑矩形形状的瓦片,我们还可以有一些其他瓦片的例子.

(1) 对任意正整数 n,尺寸为 $2^n \times 2^n$ 的格盘去掉任一格后可被如图 13(a) 所示形状的 L 形瓦片所覆盖.

我们可以用数学归纳法来证明这一结论. 首先,当 $n=1$ 时,2×2 格盘去掉任一格后显然可被一块 L 形瓦片所覆盖. 设 $2^n \times 2^n$ 格盘去掉一格后可被 L 形瓦片覆盖,今考察 $2^{n+1} \times 2^{n+1}$ 格盘. 如图 13(b) 所示,将该格盘用对边中点连线分成 4 个 $2^n \times 2^n$ 的格盘,不妨设所去掉的一格在右下角的子格盘内,则可如图所示先在中心部位放一块 L 形瓦片,进而由归纳假设,这 4 个 $2^n \times 2^n$ 的子格盘(皆去掉了一格)均可被 L 形瓦片覆盖. 结论得证.

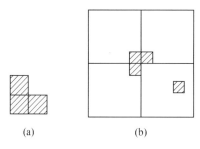

图 13 $2^n \times 2^n$ 残盘的 L 形瓦片覆盖

我们还可以指出：凡是可用 2×3 矩形瓦片覆盖的格盘都可以用 L 形瓦片完全覆盖，这是因为两个 L 形瓦片恰好盖住一个 2×3 矩形.

(2) $m \times n$ 格盘可被如图 14 的大 L 形瓦片完全覆盖的充要条件是 $m > 1$, $n > 1$, 且 mn 被 8 整除.

图 14 大 L 形瓦片

这个问题作为本期的"问题征解"供读者练习.

(3) 用边长为整数的直角三角形瓦片覆盖边长为整数的大正方形. 这里的直角三角形瓦片可以尺寸不同.

这一问题最先是由日本《数学智力游戏》杂志的编辑铃木昭雄提出来的，目标是寻求瓦片数目尽量少且大正方形边长尽量小的覆盖式样.

1966 年夏天，首先找到了一个由 12 块直角三角形瓦片覆盖边长为 39 780 的正方形的图样；而到 1981 年为止，边长在 1 000 以下，瓦片数在 10 块以下的覆盖式样一共找到了 20 种. 其中，瓦片数最小的纪录是 5 块，这是日本的熊谷武在 1968 年创造的. 当时覆盖的正方形边长为 6 120，后来又改进为 1 248；另一项至今为止最好的纪录是在 1976 年发现的，覆盖的正方形边长降到了 48，但瓦片数却是 7 块. 图 15 是这两项最佳纪录的图示.

当然，这个问题尚未完全解决，因为还没有人能证明这个块数 5 和那个边长 48 的确是最小的了，也没有人能进一步刷新这两项纪录.

(4) 用如图 16(a) 的 6 格台阶型瓦片可以覆盖 4×6 与 5×12 的格盘.

这两种格盘的尺寸是否已是用此种瓦片可覆盖的最小格盘（即它不能再分割成也都可被此种瓦片覆盖的更小格盘了）？

(5) 用第(1)款所述的 L 形瓦片与如图 17(a) 的十字瓦片可以覆盖 7×7 的格盘.

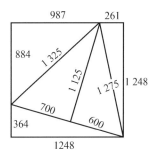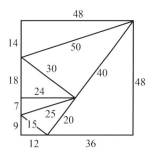

图 15　正方形用整数边长直角三角形覆盖的两项纪录

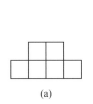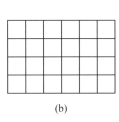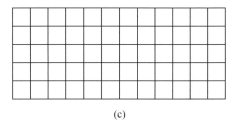

图 16　4×6 和 5×12 格盘的台阶型瓦片覆盖

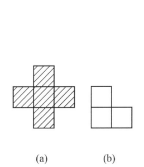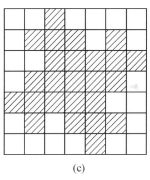

图 17　7×7 格盘用 L 形和十字瓦片覆盖

还有没有更小的格盘可用这两类瓦片完全覆盖(不能只用 L 形瓦片)?

悖论纵横谈*

人们往往把数学科学比拟成"大厦",但是这座"大厦"的建造过程不是先打好基础再造上层建筑,而是先造起来再说,待发现上层建筑有倾倒危险时,再打基础补救.

一、什么是悖论

悖论是指一切与人们的直觉和日常经验相矛盾的结论. 为了对悖论有直觉认识,先让我们举些例子.

例1(白马非马) 这是我国古代著名的诡辩学家公孙龙的悖论:如果白马是马的话,则黑马也是马,因此白马就是黑马. 显然与事实不符. 于是公孙龙用反证法证明了"白马非马".

例2(齐诺(Zeno)悖论) 乌龟在白兔前面爬,白兔在后面追,当白兔跑到乌龟原来所在处时,乌龟已向前爬了一段路,当白兔再向前跑到乌龟的新起点时,乌龟又向前爬了一点. 如此重复,以至无穷,故白兔永远追不上乌龟.

例3(说谎者悖论) 古希腊克利特岛上的人说:"克利特岛上每个人的每句话都是谎话." 现在问这句话是真还是假[①]? 如果把上述说法进一步改为"本语句是假的",然后问引

---

* 蒋星耀,何纯瑾,《悖论纵横谈》,《自然杂志》1992年第15卷第6期.

① 这里规定这句话的否定形式是"克利特岛上每个人的每句话都是真话".

号中的这句话是真还是假？如果是真，则要承认该话是结论，从而导致该话为假；如果是假，则应肯定该句结论的反面为真，因之推出该话为真.后者称为强化了的说谎者悖论.

例 4（理发师悖论）　一个乡村理发师接到国王的命令：要他给而且仅给自己村中所有不给自己理发的人理发.现在问该理发师要不要给他自己理发？要是他不给自己理发，那么他属于村中不给自己理发的一类人中，按命令规定他应该给他自己理发；如果他给自己理发，按命令他仅能给那些不给自己理发的人理发，所以他不能给自己理发.于是该理发师陷入了矛盾之中.

例 5（伽利略悖论）　自然数多还是完全平方数多？完全平方数是自然数中的一部分.按"全体大于部分"这一公理，应该是自然数多.但是自然数与完全平方数一一对应，如 $1\leftrightarrow 1^2, 2\leftrightarrow 2^2, \cdots, n\leftrightarrow n^2, \cdots$，所以完全平方数不比自然数少.这样就得出矛盾.

由以上例子可见悖论所得出的结论违背了常情，而且不易找到它们症结所在，往往令人百思而不得其解，因此回味无穷.

悖论主要有 3 种形式：

（1）一种论断看起来好像是错了，但实际上却是对的（佯谬）；

（2）一种论断看起来好像是对的，但实际上却错了（诡辩）；

（3）一系列推理看起来无懈可击，却导致逻辑上自相矛盾.

悖论由来已久，可以追溯到古希腊和我国先秦时代.古往今来悖论给人们带来很大的迷惑和乐趣，成为文人雅士茶余饭后谈笑的资料.可是许多哲学家、逻辑学家和数学家却认真严肃地对待它们，并从中得到启发和教益，推动了这些学科的发展与进步.这些学科中的一些巨大进展正是努力解决这些悖论的直接结果.

众所周知，数学是一门严格演绎推理的科学：它不允许有矛盾存在，即无矛盾性（或相容性）是这门学科的起码要求.如果数学中有矛盾，则利用反证法可以证明一切命题，不管是对的还是错的，这样数学将失去发现真理的作用，变得毫无价值.另一方面，数学推理要用到逻辑.数学还需在自然语言中表述，逻辑和语言上的悖论必然会影响到数学的无矛盾性，所以几乎所有悖论都是数学基础上的陷阱，都是数学家需要认真对待和解决的.

人们往往把整个数学比拟成宫殿或大厦，但是这座"大厦"的建造过程却不像普通大厦那样：先打好基础，再造上层建筑.而是先造房子，待发现上层建筑有倾倒危险时，再来打基础补救.这种一方面往高处造房子，另一方面往深处打基础，可说是科学发展的典型模式.

悖论就是矛盾，矛盾斗争是事物发展的历史动力，悖论的价值就在于此.在数学史上已有过 3 次涉及数学基础的重大"危机"，它们都与一些悖论的发现有关.可以说数学基础的历史就是解决悖论的历史.

二、历史上的悖论

前面已经谈到,悖论是指一切与人们的直觉和日常经验相矛盾的结论.由于不同历史时代的人们具有不同的日常经验,今天的常识是过去的悖论是完全可以理解的.例 5 所谈的伽利略悖论就是这类悖论中典型的一个.自从康托尔(G. Cantor)发展集合论以后,人们已经知道"整体大于局部"这一公理只对有穷集合成立,对无穷集合并不适用.自然数和完全平方数是等势的.这样伽利略悖论也就不悖了.

约在公元前 400 年,希帕索斯(Hippasus)第一次发现不可通约性(即无理数),这与当时毕达哥拉斯学派的信条——宇宙间一切现象都能归结为整数或整数之比——相矛盾,而被认为是荒谬的.为此,他被抛进大海,但他的发现使当时的数学界感到惶惑与不安.这就是所谓的第一次数学危机.它迫使人们认识到,自然数及其比(有理数)不能包括一切几何量,同时也使人们认识到直觉和经验是靠不住的,而推理和证明才是可靠的.这就促进了公理化方法的形成,这是数学思想上的一次巨大革命,其结果形成欧几里得几何的公理体系与亚里士多德的逻辑体系.

从例 2 齐诺悖论可看出古希腊数学家已注意到连续与离散、潜无穷与实无穷、无穷小与很小等矛盾.但当时他们无法解决这些矛盾.

在 17 世纪晚期形成了无穷小演算——微积分这门科学.18 世纪的数学家成功地用微积分解决了许多实际问题,但是对它的基础却不够关心.如大数学家达朗贝尔(J. d'Alembert)说:"现在是把房子盖得更高些,而不是把基础打得更牢些."致使当时整个微积分理论建立在含混不清的无穷小概念上,遭到来自各个方面的非难与攻击,尤其遭到当时大主教伯克莱(Berkeley)的激烈攻击.在求 $S=t^2$ 在 $t=t_0$ 的速度时,是让平均速度 $\frac{\Delta S}{\Delta t} = \frac{(t_0+\Delta t)^2 - t_0^2}{\Delta t} = \frac{2t_0\Delta t + (\Delta t)^2}{\Delta t}$,当 Δt 是无穷小时的值等于 $2t_0$.这就出现矛盾:一方面,为使 $\frac{2t_0\Delta t + (\Delta t)^2}{\Delta t}$ 有意义,Δt 不为 0;另一方面,要使 $t=t_0$ 时瞬时速度等于 $2t_0$,又必须使 Δt 为 0.那么,同一个 Δt 如何既等于零又不等于零呢?这就是所谓的伯克莱悖论.这一攻击使微积分基础的矛盾激化,造成了所谓的第二次数学危机.正是由于这一矛盾,使微积分抛弃了原来的无穷小、无穷大等概念,把整个理论建立在极限理论之上,进而由戴德金(R. Dedekind)和康托尔将极限理论建立在实数理论的严格基础之上,并促使了集合论的诞生.

三、语言悖论

我们把由于自然语言的模糊性与普遍性产生的悖论统称为语言悖论.例1和例3是语言悖论.例1中的结论——白马非马,显然是错的,但是推理中的毛病究竟何在？我们日常使用的语言称为自然语言.自然语言,不管是中文、英文或法文都是不精确的、多义的.公孙龙在论证白马非马时的3句话中,前两句中的"是"与"属于"同义,后一句中的"是"与"相等"同义.相等的事物是可以互相替换的,而属于关系则不可以任意替换.公孙龙的诡辩就是把"属于"当成"相等",然后进行替换,由此导出谬误.

现在让我们来看一下柏拉图(Plato)的诡辩.柏拉图是古希腊著名的诡辩学家,因此许多学生慕名前来投师求教,学习诡辩.有一次柏拉图与他的一个学生订好协议：当该生第一次与别人打官司打赢时,该生要付给柏拉图一笔学费.学了一段时期后,柏拉图突然向该生讨学费.该生不解地问道："按协议在我第一次打官司打赢后才付学费,现在我尚未打过官司,为何要付学费？"柏拉图回答说："如果你现在不付学费,我去法院告你,如果你输了,意味着按法律你应付学费,如果你赢了,则按协议也应付学费.总之不管输赢你都要付给我学费."他的学生听后思索了一下回敬道："老师,我不必付学费给您了,因为如果我输了,按协议我不必付学费,如果我赢了,按法律我也不必付学费.总之不管输赢,我都不必付学费."柏拉图听后很高兴地说："你的诡辩已经学得不错了,可以毕业了."

柏拉图和他的学生都是利用逻辑中的两难推理得出互相矛盾的结论.这是由于两难推理中的假言大前提中的前件和后件应该是必然联系(即如果前件真,后件必然真).但是这里前件真时,根据法律与协议后件可以取不同的真值,由此可见前件和后件的联系不是必然的.这里也是自然语言的模糊性使我们不易发现推理中类似的毛病.

上述例子使数学家认识到：逻辑和数学本身虽然是严格的科学,但它们必须在一种语言中陈述,这样自然语言的模糊性和多义性必然会影响推理和数学的精确性,甚至会导致矛盾和悖论.因此,必须引进一种有别于自然语言的形式语言.德国数学家莱布尼兹(G. W. Leibniz)首先提出建立一种理想的"通用语言".在这种语言中一切推理的正确性将化归于计算.在这种语言中消除了现有语言的局限性、不规则性和多义性.由于新语言使用简单明了的符号和合理的语言规则,它将极便于逻辑的分析和综合,从而为数理逻辑奠定了基础.因此莱布尼兹被尊为数理逻辑的创始人.数理逻辑的创立和发展,进一步为逻辑和数学的飞跃创造了条件,使数学的基础更加巩固,数学的描述和论证更加严格和精确.

现在让我们来讨论由于语言的普遍性所引起的悖论.所谓普遍性就是指语义学上的封闭性,即一种语言包含了自己的语义学概念.这类悖论亦称语义学悖论,即关于真实性的悖论.例3中强化了的说谎者悖论就是其中之一.现在让我们对这一悖论做一分析.

"本语句是假的"这是一句话中套话的话,而被套之话就是套它的话自身.这是由于语言层次的混乱,被论断的话("本语句是假的")与去论断它的话("'本语句是假的'是假的")混而为一.这种一句话谈论这句话本身的情况叫作"自关联".但是自关联不是造成这种悖论的主要原因.下面的例6表明,即使消除了自关联,悖论依然存在.

例 6(柏拉图－苏格拉底悖论)

柏拉图说:"下面苏格拉底说的话是假的."

苏格拉底说:"柏拉图说的是真的."

这两句话都不是谈论它们自身,但放在一起,仍会出现悖论.

波兰数学家塔斯基(Tarski)曾对语义学悖论做了比较彻底的研究.他根据罗素(B. Russell)要用分层语言解决语义学悖论的思想,提出将语言分为"对象语言"与"元语言".他指出:在一个语言的内部是不能定义关于这一语言的语义学概念的,对象语言的语义学概念必须在对象语言以外的元语言中予以表述.例如"本语句是假的"属于对象语言,而"'本语句是假的'是假的"属于元语言.这两句话层次不同,不能混淆.而元语言的语义学概念又必须在元语言中予以表述,……总之,按这样的分层原则可以避免语义学悖论.

四、逻辑和数学悖论

最著名的逻辑和数学悖论莫过于罗素悖论.例4中的理发师悖论就是罗素悖论的通俗说法之一.

现在我们来描述著名的罗素悖论.所有集合可以分为两类:一类以自身为元素,即有 $x \in x$;另一类不以自身为元素,即 $x \notin x$.现在考虑集合 $M = \{x \mid x \notin x\}$,即 M 是所有不以自身为元素的集合所组成的集合,那么,$M \in M$ 吗?

如果 $M \in M$,则根据 M 的定义,有 $M \notin M$;反之,如果 $M \notin M$,则由 M 的定义有 $M \in M$,即 $M \in M$ 的充要条件是 $M \in M$,这是一个矛盾.

这个悖论如此简单明了,用的概念如此基本,这就排除了它是由于引入概念不当或推理错误的可能性.集合论本身含有矛盾的事实已是不容置辩了,因此产生了极大的震动,引发了数学史上最大的一次危机,即第三次数学危机.

其实在罗素悖论发现之前,在集合论中已经发现了一些悖论.

例7(布拉里·福蒂悖论) 序数按照它们的自然顺序形成一个良序集. 这个良序集根据定义也有一个序数 Ω,这个 Ω 由定义应该属于这个良序集. 可是由序数的定义,序数序列中任何一段的序数都要大于这一段内的任何序数. 因此 Ω 应该比任何序数都大,从而又不属于这个良序集,导致矛盾.

例8(康托尔悖论) 令 C 是所有集合的集合,因此 $P(C)$(以 C 的所有子集作为元素的集合,称为幂集)也是 C 的子集,从而 $|P(C)| \leqslant |C|$. 但由康托尔定理 $|C| < |P(C)|$,这就导致矛盾.

罗素悖论发表以后,又发现一系列悖论,这些悖论也可以看成罗素悖论的变形与推广.

例9(理查德(J. Richard)悖论) 今选定一种语言,例如中文,则一切中文语句的集合是可数的.

今考虑所有能用有限句中文陈述的十进位小数所组成的集合 E,则 E 也是可数的. 设 E 的数法为 $E: \theta_1, \theta_2, \theta_3, \cdots, \theta_n, \cdots$. 现定义一个十进位小数 N 如下:如果 E 中第 n 个小数 θ_n 的第 n 位小数的数字是 P,则规定 N 的第 n 位小数的数字是 $P+1$,当 P 是 9 时,则为 0. 因此,N 是一个能用有限句中文陈述的十进位小数,故 $N \in E$. 但由 N 的定义,N 与 E 中每一个小数皆有一有穷差位,故 N 与 E 中一切元素皆异,即 $N \notin E$. 矛盾.

例10(佩里(Perry)悖论) 英语中只有有限多个音节,只有有限多个英语表达式包含少于 40 个音节,所以用少于 40 个音节的表达式表示的正整数数目只有有限多个. 设 R 为不能用少于 40 个音节的英语表达式来表示的最小正整数. 但是这句话(译成英语)所包含的音节少于 40 个,而且表示 R. 这就产生了矛盾.

例11(格瑞林(K. Grelling)悖论) 在我们日常语言中,一个形容词可按其所描述的性质是否符合该形容词本身而分为两类:凡是符合的称为自状的,否则称为非自状的. 例如,"中文的"是自状的,而"英文的"是非自状的. 现在考虑"非自状的"这个形容词,请问它是自状的还是非自状的?如果说它是非自状的,则按定义它是自状的;如果它是自状的,则它又变成非自状的. 这导致矛盾.

最后介绍我国逻辑学家沈有鼎构造的悖论.

例12(无根据和有根据悖论) 如果存在集合序列 $x_i(i=1,2,3,\cdots)$ 和 x,有
$$\cdots \in x_n \in x_{n-1} \in \cdots \in x_2 \in x_1 \in x$$
则称 x 为无根据集,否则,称 x 是有根据集.

因此,任给一个集合 G,G 或是有根据集或是无根据集.

现在考虑集合 $S=\{x\mid x$ 为有根据集$\}$. 试问 S 是有根据集还是无根据集.
若设 S 为有根据集,则 $S\in S$,于是存在 $x_i=S(i=1,2,3,\cdots)$,使
$$\cdots\in S\in S\in S\in\cdots\in S$$
按定义,S 应为无根据集. 反之,若设 S 为无根据集,则存在 $x_i(i=1,2,3,\cdots)$,有
$$\cdots\in x_n\in x_{n-1}\in\cdots\in x_2\in x_1\in S$$
由 $x_1\in S$,知 x_1 为有根据集,但由
$$\cdots\in x_n\in x_{n-1}\in\cdots\in x_2\in x_1$$
x_1 又应为无根据集,故矛盾,即 S 应为有根据集. 哪条路都说不通,故为一悖论.

应该说罗素对于悖论的研究有伟大的贡献,他从本质上来分析悖论,把集合论所导致的悖论剥去一切数学上技术性的枝节,从而揭示了一个惊人的事实,即我们的逻辑直觉(如真理、概念、存在、集合)是自相矛盾的. 在罗素分析的基础上人们发现下列 4 款不能同时成立.

(1) $x\notin x$ 是一个条件;

(2) 任给一个条件 $\phi(x)$ 决定一个集合 A,即 $x\in A\leftrightarrow\phi(x)$;

(3) 集合为个体之一,因而 x 处可代以 A;

(4) $P\leftrightarrow\neg P$ 为一矛盾.

如果此 4 款同时成立就会导致逻辑矛盾. 由(1)与(2)有 $x\in A\leftrightarrow x\notin x$,由(3),将 A 代替上式中的 x,得 $A\in A\leftrightarrow A\notin A$,由(4)知此为矛盾.

因此,为了避免矛盾,(1)~(4)中至少否定一条. 这样根据否定条款的不同有 4 种避免罗素悖论的途径.

罗素从否定(1)出发,展开他的类型论. 策梅洛(E. Zermelo)和弗伦克尔(A. Fraenkel)基于否定(2)而发展了 ZFC 公理集合论. 贝耐斯(Bernays)和哥德尔(Gödel)在否定(3)的基础上形成了 BG 集合论公理系统. 鲍切华尔(Бочвар)以否定(4)为起点发展了他的多值逻辑. 到目前为止,类型论、ZFC 系统和 BG 系统都能使已经发生的逻辑和数学悖论不在它们的系统中出现.

虽然至今尚未在公理集合论中发现矛盾,但目前尚无法证明公理集合论的无矛盾性. 这一情况正如庞加莱所说的那样:"我们设置栅栏,把羊群围住,免受狼的侵袭,但是很可能在围栅栏时就已经有一条狼被围在其中了."

参考资料

[1] 胡作玄. 第三次数学危机. 成都:四川人民出版社,1985.

[2]《科学美国人》编辑部. 从惊讶到思考 —— 数学悖论奇景. 李思一,白葆林,译. 北京:科学技术文献出版社,1982.

[3] 莫绍揆. 数理逻辑初步. 上海:上海人民出版社,1980.

[4] 徐利治,朱梧槚,袁相碗,等.悖论与数学基础问题(Ⅰ).数学研究与评论,1982,2(3):99-107.

[5] 徐利治,朱梧槚,袁相碗,等.悖论与数学基础问题(Ⅱ).数学研究与评论,1982,2(4):121-134.

[6] 徐利治,朱梧槚,袁相碗,等.悖论与数学基础问题(Ⅲ).数学研究与评论,1983,3(2):93-101.

复数以后——我们能走多远*

从某种意义上说,数系扩张到复数系,便已告一段落了. 但从近代数学的观点来看,复数系仍可扩张. 于是,一个新的世界又展现在人们眼前.

在中学数学课程中,数的概念经过三次扩张才使得数的体系较为完善. 第一次扩张是引进负数,把算术中的自然数集扩展到有理数系;第二次扩张是引进无理数,把有理数系扩展到实数系;第三次扩张是引进虚数,把实数系扩展到复数系.

自然会使人们提出这样的问题:数系的扩张能否沿着复数系再进行下去?

在回答这个问题之前,让我们先简单地回顾一下数系从自然数扩张到复数的历史.

一、从自然数到复数

自然数的概念是在计数事物的基础上抽象出来的. 但是人们在日常生活中不仅要数各种事物,也需要测量许多量,诸如长度、面积、质量和时间等,因此出现了分数和小数——这是数的概念扩充的"实践性". 除这个理由之外,一个数系的扩张还有其自我完善的内在理由. 在自然数的通常的算术中,我们总可以进行两种最基本的运算:加法和乘法. 但是作为"逆运算"

---

* 孙自行:《复数以后——我们能走多远》,《自然杂志》1992 年第 15 卷第 8 期.

的减法和除法来说并不总是可以进行的,因此必须引进负数和分数(包括负的分数),这是数系的第一次大的完善和进步——从自然数到有理数.

正像从自然数到有理数的扩张一样,从有理数到实数的扩张也是由度量问题引起的.

在无理数发现之前,数学家们直觉地认为,不言而喻地有理数集的元素与数轴上的点可以建立起一一对应的关系.这种直觉反映在几何线段的度量上就是认为任意两线段总是可通约的,即两线段长度之比总能表达为两整数之比.

然而,古希腊的毕达哥拉斯学派发现存在着不可通约的线段,据说是正五边形的对角线与其边不可通约.也就是说,数轴上存在着不对应任何有理数的点.从度量的角度来看,这些点总要对应着"数",这些数既然不是有理数,应是什么数呢?毕达哥拉斯学派便把它们称为"无理数".有理数和无理数统称为实数.只有实数才能与数轴上的点建立起一一对应这种完美和谐的统一.

当然,实数理论的建立是相当困难的,在毕达哥拉斯之后,欧多克索斯(Eudoxus,约公元前 400—前 347)建立了不可通约理论.但直至 19 世纪,戴德金、康托尔、魏尔斯特拉斯(K. Weierstrass,1815—1897)等完成了严密的无理数理论之后,实数理论才真正彻底地建立起来.

比起有理数到实数的扩张来,从实数到复数的扩张在理论上要简单得多:把满足方程 $x^2=-1$ 的根定义为虚数 i,把 i 添加于实数系就得到复数系.但是在观念上,虚数的引进遇到了强大的阻力,这是因为虚数的引进与数系的前几次扩张在性质上是有所不同的,它首先不是出于度量的需要,而是为了解决数学本身所提出的问题.

16 世纪上半叶,为了能使用公式求 3 次和 4 次方程的实数根,就必须引进一种新的数使负数的开平方运算能够进行.当时的数学家就曾使用了这种"数",但是这种"数"由于不能直接参与计数或直接解释为测量的结果,而被称为"虚数",意即"虚幻的数""想象中的数",而非"现实的数".更有一些数学家对这种虚数抱排斥的态度,如笛卡儿(R. Descartes,1596—1650).直到 18 世纪下半叶,数学家高斯(K. F. Gauss,1777—1855)等找到了复数的几何表示,即用复数表示平面上的点,虚数得到了具体的"形"的解释,并在实际问题中得到广泛的应用,这种新的数才被人们承认并巩固下来.

从代数学的角度看,有理系、实数系、复数系都可称为数域.粗略地说,数域就是加法、乘法及它们的逆运算减法、除法(除数不为零)运算在其中均可进行并满足一定运算律(如交换律、结合律、分配律等)的数集.

在数域中引进某个多项式方程(其系数均为此数域中的数,亦称代数方程)的根(这个根不属于此数域)而扩张成一个新数域,这一过程称为代数扩张,新数域称为原数域的代数扩域.从实数域到复数域就是代数扩张,复数域就是实数域的代数扩域.

那么,对复数域还可以进行代数扩张吗?高斯的"代数基本定理"事实上回答了这个问题.

代数基本定理　复数域上的每个 n 次代数方程
$$f(x) = a_0 x^n + a_1 x^{n-1} + \cdots + a_{n-1} x + a^n = 0 \quad (n \geqslant 1)$$
在复数域中至少有一个根.

由此,很容易得到,每个 $n(n \geqslant 1)$ 次代数方程在复数域中有 n 个根,且只有 n 个根(重根计重数). 也就是说,复数域中代数方程的根还是复数,它本来就在复数域中,不能通过"引进"它而使数系扩张. 在开始时我们提出的问题是:数系的扩张能否沿着复数系再进行下去?这里回答是:不能沿着复数域进行数域的代数扩张!鉴于此,我们可以说,数系的发展和扩充在代数扩张的意义下至复数域即告结束.

那么,还有其他的扩张途径吗?

二、数域上的代数——哈密尔顿四元数

由于力学和几何理论发展的需要,人们必须扩充复数域. 既然不能通过"引进"代数方程的根而使复数域扩张,那么能否引进其他的"数"呢?代数学中一个明显的事实是,只要在复数域上添加一个超越元 α,就可以得到一个复数域的扩张,即所谓的超越扩张. 但是这个扩域中的元素与我们平时所说的数的概念相去甚远,因此这样的扩张是不可取的. 我们必须寻求"代数式"的扩张. 为此,让我们从另一个角度来考察一下从实数域到复数域的扩张. 首先,有必要说一下什么叫作数域上的代数,并且假定读者已具有线性代数的知识.

定义　数域 F 上的一个向量空间 A,除去数乘运算(用 αa 表示, $\alpha \in F, a \in A$)和 A 的加法运算(用"+"表示), A 中还定义有一个乘法运算(用"·"表示或用 ab 表示运算"·"的结果, $a, b \in A$)满足下列条件:

(ⅰ) $a(b+c) = ab + ac, (b+c)a = ba + ca, \forall a, b, c \in A$;

(ⅱ) $\alpha(ab) = (\alpha a)b = a(\alpha b), \forall a, b \in A, \alpha \in F$.

则称 A 为 F 上的代数.

如果 A 是 F 上的有限维空间,就称 A 为 F 上的有限维代数;如果代数 A 中的乘法适合结合律,即有 $(ab)c = a(bc)(\forall a, b, c \in A)$,则称 A 为结合代数;如果 A 中任一非零元 a 对 A 的乘法来说都有一个逆元 a^{-1},即有 $aa^{-1} = a^{-1}a = 1$,则称 A 为可除代数;如果代数 A 的乘法适合 $ab = ba, \forall a, b \in A$,则称 A 为交换代数.

从"代数"这一概念出发,我们可以看到, R(实数域)是 R 本身上的 1 维(结

合、可除、交换）代数；C（复数域）是 R 上的 2 维（结合、可除、交换）代数，其一组基底为 $1, i$。一般地，设 E 是数域 F 的扩域，E 可看作 F 上的向量空间，而且 E 是 F 上的交换、可除、结合代数（未必为有限维）。因此，要找的包含复数域的数系如果是数域，则这个数域必是复数域 C 上的代数. 这样，只要复数域 C 上的所有的各种类型的代数我们都清楚了，则这个新数系也就在其中了！下面我们将指出，复数域 C 上的有限维结合代数又是实数域 R 上的有限维结合代数，因此，我们可以把上面的问题归结为实数域 R 上有限维代数的情况去考虑.

现在我们来看一下 1843 年发现的哈密尔顿四元数代数 H.

哈密尔顿四元数代数的基础数域取作实数域 R，H 作为 R 上的线性空间是 4 维的，以元 $1, i, j, k$ 为一组基，定义基元的乘法如表 1：

表 1

·	1	i	j	k
1	1	i	j	k
i	i	-1	k	$-j$
j	j	$-k$	-1	i
k	k	j	$-i$	-1

读者不难验证，对基元之间的乘法，结合律成立，因而 H 是结合代数. 但 H 不满足交换律，例如

$$ij \neq ji$$

所以 H 是非交换的代数. H 还是可除代数，理由如下. 因为 H 的任意元 a 可唯一地表为

$$a = \alpha_1 1 + \alpha_2 i + \alpha_3 j + \alpha_4 k \quad (\alpha_i \in R)$$

规定

$$\bar{a} = \alpha_1 1 - \alpha_2 i - \alpha_3 j - \alpha_4 k$$

直接计算可得与复数有相类似的结果

$$a\bar{a} = \bar{a}a = \alpha_1^2 + \alpha_2^2 + \alpha_3^2 + \alpha_4^2$$

这里 $\bar{a}$ 称作 a 的共轭元，将 $\alpha_1^2 + \alpha_2^2 + \alpha_3^2 + \alpha_4^2$ 记作 $|a|$，称作 a 的模. 若 $a \neq 0$，则有 $|a| \neq 0$，从而有

$$a(|a|^{-1}\bar{a}) = (|a|^{-1}\bar{a})a = |a|^{-1}(a\bar{a}) = 1$$

即 H 的每一非零元 a 有逆元 $|a|^{-1}\bar{a}$，此表明 H 为可除代数.

H 可表示为

$$H = \{\alpha_1 1 + \alpha_2 i + \alpha_3 j + \alpha_4 k \mid \alpha_i \in R\}$$

当 α_3, α_4 固定取值为零时，就得到 H 的子集复数域 C.

四元数系（代数）是爱尔兰数学家哈密尔顿（W. R. Hamilton, 1805—1805）

由于物理学的实际需要而发明的一种代数. 哈密尔顿断断续续地为之奋斗了约有 15 年之久,但总是在如何定义其乘法的问题上遇到困难. 迷茫、苦闷困扰着他. 在他毫无结果地冥思苦想了 15 年之后,1843 年 10 月 16 日黄昏,数学史写下了光辉的一页 —— 据说,正当哈密尔顿和他的妻子散步在都柏林近郊的皇家运河之畔时,心灵的火花终于迸发了. 哈密尔顿突然意识到,必须放弃在新数系中对乘法交换律的要求! 于是,15 年的努力、奋斗、探求,在那一刹那间变成了现实 —— 哈密尔顿一下子就构造出了四元数的乘法表(见表 1). 当然这相当于构造了整个四元数. 他由于这个异乎寻常的发现而兴奋至极,马上拿出小刀来把四元数的乘法表的要点刻写在桥头的石头上. 事实上,在得到四元数的乘法表之前,他已经花费了许多努力试图构造一个实数的三元有序组,使之成为包含复数系的数域(事实上这是不可能的). 这并非徒劳,这恰好为其放弃乘法的交换律而得到实数域上四元有序组(即四元数)奠定了基础.

哈密尔顿在少年时是个神童,13 岁时,就能流利地讲 13 种外文. 他喜爱古典文学并沉醉于诗的创作之中. 15 岁时一个偶然的机会使哈密尔顿对数学产生了兴趣并从此终生不渝. 今天在数学、物理、天体力学、天文学等学科中都可以看到以其姓氏命名的定理、结论等. 哈密尔顿四元数的发现是一个非常重要的发现,它导致了其他这样的"超复数"体系的许多尝试,并且终于导致了以对这些体系进行分类为目的的结构理论. 由于四元数的发现,许多重要的代数因而得以发展.

四元数有许多有趣的性质.

若记 $a + \bar{a} = 2\alpha_1$ 为 $\delta(a)$,称为 a 的迹($a = \alpha_1 1 + \alpha_2 i + \alpha_3 j + \alpha_4 k$),则每个四元数 a 满足一个以 a 和 $\bar{a}$ 为根的实系数二次方程

$$x^2 - \delta(a)x + |a| = 0$$

与复数域中不同的是 H 中的二次方程往往不止有两个根. 例如对 $x^2 + 1 = 0$,显然 $x = \pm i, \pm j, \pm k$ 都是它的根,实际上它有无穷多个根. 事实上,满足

$$p^2 + q^2 + r^2 = 1$$

的 p, q, r 总使

$$(pi + qj + rk)^2 = -(p^2 + q^2 + r^2) = -1$$

另外,任意四元数 $a = \alpha_1 1 + \alpha_2 i + \alpha_3 j + \alpha_4 k$ 可以分为它的实数部分 α_1 和它的"纯四元数"部分 $\alpha_2 i + \alpha_3 j + \alpha_4 k$. 最奇妙的性质要算是关于纯四元数 $\xi = \alpha_2 i + \alpha_3 j + \alpha_4 k$ 和 $\eta = \beta_2 i + \beta_3 j + \beta_4 k$ 的乘法. 根据定义有

$$\xi \eta = \xi \times \eta - (\xi, \eta)$$

式中 $\xi \times \eta = (\alpha_3 \beta_4 - \alpha_4 \beta_3)i + (\alpha_4 \beta_2 - \alpha_2 \beta_4)j + (\alpha_2 \beta_3 - \alpha_3 \beta_2)k$ 是通常的外积;$(\xi, \eta) = \alpha_2 \beta_2 + \alpha_3 \beta_3 + \alpha_4 \beta_4$ 是通常的内积. 正是由于这个恒等式,从 1850 到 1900 年这半个世纪里,很多近代三维矢量空间分析都用四元数的语言来表达.

1944 年艾伦伯格(Eilenberg)和尼文(Niven)证明了,任何四元数系数的多项式方程

$$a_0 + a_1 x + a_2 x^2 + \cdots + a_n x^n = 0$$

(其中 $a_0 \neq 0, n > 0$)都有一个四元数解.

三、凯莱代数 —— 八元数

设 O 是一切形如 $a+be$ 的元素组成的集合,其中 $a,b \in H, e$ 表示一个新的符号.把 $a+be$ 当 $b=0$ 时简记为 a,而当 $a=0$ 时简记为 be.在 O 中定义加法和用实数 α 乘的运算

$$(a+be)+(c+de)=(a+c)+(b+d)e \quad (1)$$
$$\alpha(a+be)=\alpha a+(\alpha b)e \quad (2)$$

这样,便作成一个 8 维实向量空间,以 $1, i, j, k, e, ie, je, ke$ 为向量空间的基底.

在此空间中定义乘法如下

$$(a+be)(c+de)=(ac-db)+(da+bc)e \quad (3)$$

容易检验这个乘法关于加法(1)的分配律.而且由(2)还有下面的等式成立

$$\alpha((a+be)(c+de))=(\alpha(a+be))(c+de)=(a+be)(\alpha(c+de))$$

因此 O 是一个代数,人们称之为凯莱(Cayley)代数.

不难由(3)推出所得的这个凯莱代数在其基下的乘法表如表 2:

表 2

	1	i	j	k	e	ie	je	ke
1	1	i	j	k	e	ie	je	ke
i	i	-1	k	$-j$	ie	$-e$	$-ke$	je
j	j	$-k$	-1	i	je	ke	$-e$	$-ie$
k	k	j	$-i$	-1	ke	$-je$	ie	$-e$
e	e	$-ie$	$-je$	$-ke$	-1	i	j	k
ie	ie	e	$-ke$	je	$-i$	-1	$-k$	j
je	je	ke	e	$-ie$	$-j$	k	-1	$-i$
ke	ke	$-je$	ie	e	$-k$	$-j$	i	-1

我们看到形如 $a+0e$ 的元素集在凯莱代数中作成一个子代数,这是一个与四元数代数 H 同构的代数.由(1)和(2)可知,在凯莱代数元素的表示式 $a+be$ 中,不论是加法还是乘法,都可以理解为这个代数中定义的运算.

凯莱代数既不是交换的(因为其包含四元数代数 H 作为子代数),也不是结合的.如

$$(ij)e = ke, i(je) = -ke$$

但有意思的是它却有如下的弱结合性,即对任意的 $a_1+b_1e, a_2+b_2e \in O$,都有
$$((a_1+b_1e)(a_1+b_1e))(a_2+b_2e) = (a_1+b_1e)((a_1+b_1e)(a_2+b_2e))$$
$$((a_2+b_2e)(a_1+b_1e))(a_1+b_1e) = (a_2+b_2e)((a_1+b_1e)(a_1+b_1e))$$

上述这两条性质在代数或环论中称为代数或环的交错性,因此凯莱代数是交错代数.

我们还可证明这个代数是可除代数,即任意非零元其逆存在.

因此,凯莱代数是实数域 R 上的非结合可除交错代数,维数为 3. 通常,把这个代数叫作八元数代数.

四、费罗贝尼乌斯定理及其推广

从数域上的代数这一概念出发,我们介绍了两个包含复数域的新数系,但它们都构不成数域,因为某些运算律(如交换律、结合律)在其中已不再成立. 即使这样,在这个方向上,我们究竟可以走多远? 德国数学家费罗贝尼乌斯(F. G. Frobenius,1849—1917)给出了如下重要的定理.

费罗贝尼乌斯定理 R, C, H 是 R 上仅有的有限维可除的结合代数. 其作为 R 上的线性空间,维数分别为 1, 2, 4.

进一步,又有:

推广的费罗贝尼乌斯定理 R, C, H, O 是实数域 R 上仅有的有限维可除交错(非结合)代数,其维数分别为 1, 2, 4, 8.

这里,非结合交错代数的意义是指在整体上不满足通常的结合律,但在局部上可能是满足通常的结合律的. 例如,八元数代数 O 是非结合的,但是它的子代数系 R, C, H 中乘法都是适合结合律的.

费罗贝尼乌斯定理及推广的费罗贝尼乌斯定理表明,在放弃了乘法交换律和结合律之后,实数域上的(有限维)代数仍然是有限的. 在同构意义之下,它们只能是实数域 R,复数域 C,四元数系 H 和八元数系 O. 也就是说,从考虑实数域上的代数的角度,"数系"扩充到八元数,又是一个结束.

1958 年,米尔诺(J. Milnor)应用波特(R. Bott)关于代数拓扑的一个定理及其拓扑指标证明了:实数域上的无零因子的有限维非结合代数的维数只可能是 1, 2, 4, 8[8]. 注意这里与推广的费罗贝尼乌斯定理的区别是去掉了"可除"这个条件,且只限定非结合,而未必是交错代数. 其他 8 维代数可参见文[3].

上面已经看到,要找到一个以复数域作为子集的代数系统,我们必须降低对"数域"这样强条件的要求. 按照代数的定义,复数域也是实数域上面的代数,受到这种"代数"概念的启发,我们索性去研究数域上的代数.

那么,既然希望找到继复数域 C 之后的新的"数系",就应该从复数域 C 上的代数去讨论,为什么我们在上面讨论的是实数域 R 上的代数呢？这是因为我们有下面的定理.

定理　若 A 是复数域 C 上的 n 维结合代数,则 A 也是实数域 R 上的有限维结合代数,其维数为 $2n$.

事实上,若把此定理中的"结合"的条件去掉,其相应的结论仍然成立,即对有限维非结合代数有完全类似的结论.

因此,我们可以把复数域上的有限维结合代数归结为实数域上的有限维结合代数,把复数域上的有限维非结合代数归结为实数域上的有限维非结合代数.

现在我们可做如图 1 所示的小结.

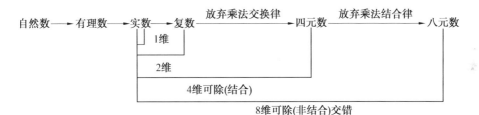

图 1　8 维可除（非结合）交错

参考资料

[1] 余元希. 数的概念. 上海：上海教育出版社,1963.
[2] J. Milnor. Ann. Math. ,1958,68:444.
[3] J. M. Osborn. Trans. Amer. Math. Soc. ,1962,115:220.

植树问题[*]

请你帮忙,植树九棵,
正好十行,不留零头;
每行三棵,没有例外,
解决此题,别无他求.

一、一个数学难题

1821 年,约翰·杰克逊(John Jackson)在一本名为《冬天傍晚的推理游戏》(*Rational Amusement for Winter Evenings*)[4] 的问题集中发表了上面这个数学难题.如今,诗歌已不如当初那样流行,一位当代的难题提出者甚至会把"树"也免除掉,而把这个问题陈述为:在一个平面上放置 9 个点,使它们形成 10 行,每行 3 个点.当一位数学家遇到这样一个问题时,他会产生一种自然的冲动,去推广这个问题,并且把这个问题进一步精确化.这就导致下列陈述:给定一个正整数 p,如何在一个平面上放置 $p(p \geqslant 3)$ 个点,其中任何 4 个点均不在一条直线上,使得那些经过其中 3 个点的直线数目为最大?我们把这个最大的数目记为 $l(p)$.

在 19 世纪,令人敬畏的数学家西尔维斯特(J.J. Sylvester)探究了这个令人捉摸不定的 $l(p)$.自那以后,这个

---

[*] 斯特凡·伯尔(Stefan Burr):《植树问题》,《自然杂志》1992 年第 15 卷第 9 期.

问题就不时引起人们的注意,包括业余爱好者和职业数学家.过去,业余爱好者往往能对诸如此类的问题做出有价值的贡献.可如今,说来也令人惋惜,业余数学家似乎成了一个正在消亡的种族.这种情况部分地是由于许多数学内容的不可接近性.然而,还有许多领域,特别是那些与组合数学有关的领域,业余爱好者尚可在其中一试身手.不幸的是,公众对这些可以接近的问题闻之不多.一般他们听到的是像费马大定理那样颇具迷惑力的问题,而在这些问题上,甚至职业数学家都几乎没有机会取得较大进展.而组合几何(上述植树问题,或称果园问题,就是这门学科中的一个例子)的魅力之一就在于:业余爱好者往往可以对此做出实质性的贡献.

图 1 给出了关于 $p=3,4,\cdots,11$ 的一些植树方式.它们都是最优解,也就是说,经过 3 点的直线达到 $l(p)$ 条.除图 1 中所列出的以外,还有也只有两个 $l(p)$ 值被我们准确地知道——我们将在下面给出这两个 $l(p)$ 值.但目前,请注意 4 点的情况并不比 3 点的情况优越,而且有时候一种植树方式被包含在另一种植树方式之中,如 $p=10$ 和 $p=11$.

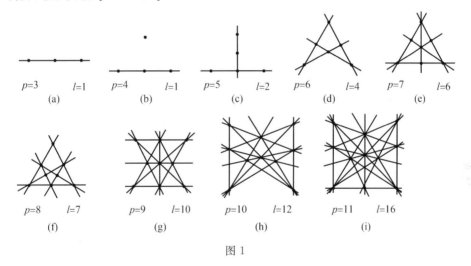

图 1

二、射影变换

自然会有一个问题要问:图 1 给出的最优植树方式是否是唯一的解?回答是否定的.图 2 给出了关于 $p=8$ 的另一种最优植树方式,这种方式来自 $p=7$ 的情况;当然,那个另加的点可以处于那条新直线上的任何处.

然而,还有一种方法使这些植树方式不成为唯一的解:它们可被射影变换所变化.我们不打算完整地解释什么是射影变换(projective transformation,或称为射影,projection),但是有一种类型的射影变换可以用文字形象化地描述.

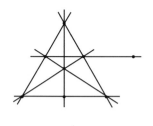

图 2

将书页翘起,以一倾斜角度向这些图形望去;随着观察角度的变化,图形中的距离和角度均发生变化,但是直线仍然是直线,因此变换后的植树方式仍然具有我们所要求的性质.

这样做会产生一个问题:就像看火车铁轨那样,平行线会变成不平行的,不平行线会变成平行的,从而改变植树方式的特征.但是,数学家或许是把一个问题变为一种机会的时髦主意的发明者,很久以前他们就对射影变换如此做了.他们在普通的平面上再添加一条想象中的由"无穷远点"(points at infinity)组成的"无穷远直线"(line at infinity).一组平行线被认为是相交于无穷远直线上的某一点.沿一组平行线的一个方向伸展而得的相交点与沿其相反方向伸展而得的相交点被认为是同一点.这样,一组平行线就仅相交于一点.事实上,现在可以认为任何两条直线都仅相交于一点,这就形成了所谓的欧几里得射影平面和射影几何.后者已经显示出它是趣味数学的一个丰富的源泉.

在我们的情况中,设置无穷远点对简化某些较复杂的图形并使它们更具有对称性是十分有用的;对一下子就找到一些图形,证明我们将要提到的一些结果,也是十分有用的.作为设置无穷远点的一个例子,让我们将关于 $p=9$ 的图形中的最上面一条直线放至无穷远处,这就变成了图 3.

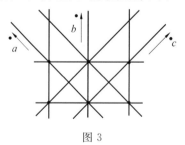

图 3

标有 a,b 和 c 的箭头指示了这一图形中 3 个无穷远点的方向.这 3 个箭头中的任一个也可指向相反的方向,反正一样.当然,无穷远直线被认为是这一图形中的一条直线.

图 4 给出了除图 1 所示以外的两种仅知的最优植树方式,即 $p=12$ 和 $p=16$ 的情况.注意 $p=16$ 的植树方式包含着一个 7 点的最优植树方式.这两种植

树方式都分别包括 3 个无穷远点和那条无穷远直线. 对这些图形都可以通过射影变换把无穷远点和无穷远直线变成真正的点和线,不过这样就会失去图形的对称性,而且在一小张纸上把它们画出来也是很困难的.

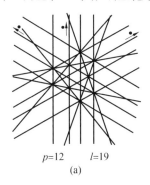
$p=12 \quad l=19$
(a)

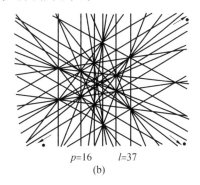
$p=16 \quad l=37$
(b)

图 4

三、$l(p)$ 的界

对于其他 p 值,情况如何? 表 1 对 $p=3,4,\cdots,25$ 给出了 $l(p)$ 的迄今所知的最好的上、下界,这便是我们掌握的所有信息. 其中有 11 种情况 $l(p)$ 的值被准确地决定,这些都用星号标出,对它们的上界也就免除了. 如表 1 所列,以及实际上这里几乎所有的结果,均取自于由我自己、格伦鲍姆(B. Grünbaum)和斯隆(N. J. Sloane)写的题为《果园问题》(*The Orchard Problem*)的论文[1],虽然其中有许多结果取自更早先的工作.

表 1

p	$l(p)$ 的下界	$l(p)$ 的上界
3	1*	
4	1*	
5	2*	
6	4*	
7	6*	
8	7*	
9	10*	
10	12*	
11	16*	

续表1

p	$l(p)$ 的下界	$l(p)$ 的上界
12	19*	
13	22	24
14	26	27
15	31	32
16	37*	
17	40	42
18	46	48
19	52	54
20	57	60
21	64	67
22	70	73
23	77	81
24	85	88
25	92	96

从 $p=20$ 开始，表 1 所列的上、下界都是下面这两个一般定理的结论.

定理 1
$$l(p) \geqslant \left\lfloor \frac{p(p-3)}{6} \right\rfloor + 1$$

这里 $\lfloor x \rfloor$ 表示不大于 x 的最大整数.

定理 2 对 $p \geqslant 4$，有理
$$l(p) \leqslant \left\lfloor \frac{\frac{p(p-1)}{2} - \left\lceil \frac{3p}{7} \right\rceil}{3} \right\rfloor$$

这里 $\lceil x \rceil$ 表示不小于 x 的最小整数(当然, $l(3)=1$).

四、下界与立方曲线

我们不准备在这里证明定理 1，但是我们将给出一些说明，以示这个定理是怎样从立方曲线(cubic curve)理论得来的. 所谓立方曲线，就是满足一个 3 次代数方程的曲线. 图 5 表示了由方程 $(x-1)((x+2)^2-3y^2)=8$ 所定义的对称立方曲线，其上有 12 个点，包括 3 个无穷远点. 这 12 个点的位置同图 4(a) 所

示植树方式中的 12 个点是一样的.

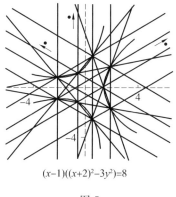

$(x-1)((x+2)^2-3y^2)=8$

图 5

为什么应用立方曲线能产生点的理想放置？其中的奥秘在于这样一个事实：基于所谓魏尔斯特拉斯椭圆函数(Weierstrass elliptic function)，某些立方曲线可以有一个参数表示(parametric representation). 这种表示赋予曲线上的每一点以一个至少为 0 但比 360 小的实数，并使得曲线上 3 点成一条直线的充要条件是，对应于这 3 点的 3 个数加起来是 360 的一个倍数(360 这个魔数可以代之以其他任何我们喜欢的数，但是 360 较为合适，而且它让我们联想到诸如角度之类的东西). 图 6 中的曲线就是图 5 中的曲线，但是删去了大部分直线，而且加上了各点由参数表示所给定的数. 容易验证图 5 中每条直线均满足上述充要条件(包括无穷远直线).

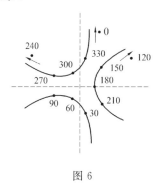

图 6

对任何 p，选择 p 个至少为 0 但比 360 小的数，使得其中 3 个数加起来成为 360 的倍数的情况尽可能多地发生，这件事并不困难. 每一种这样的选择都导致一种植树方式，于是便得到 $l(p)$ 的一个下界. 这样得到的下界就是定理 1 中的下界. 1886 年，西尔维斯特[6]证明了一个下界，除了 p 为 3 的倍数的情况，他的下界同定理 1 的下界是一致的. 而当 p 为 3 的倍数时，定理 1 的下界比西尔维斯特的下界大 1(能改进像西尔维斯特这样显赫的人物的工作——哪怕是一点点,也是十分令人满足的).

除了 $p=7,11,16$ 和 19 的情况,表 1 中的下界即为由定理 1 计算而得到的结果. 对上述每一种例外情况,可以用一条经特别选择的立方曲线上的 $p-1$ 个点(它们构成了关于 $p-1$ 棵树的一种植树方式),然后再加上一个不在此曲线上的点,从而得到一种比定理 1 结论更好的植树方式. 作为一个例子,图 7 给出了图 4(b) 的 16 点植树方式的构造. 注意新加上去的点 ϕ 不是 0——因为它不在立方曲线上,所以没有表示它的数. 为了使这个图形容易看清楚,图中只给出了经过点 ϕ 的直线.

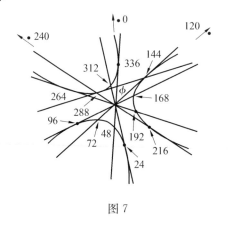

图 7

五、上界与图

现在我们转向 $l(p)$ 的上界,包括定理 2. 这里所用的方法完全不同. 一个有用的工具是我们所称的一种植树方式的图(graph). 先画出一种植树方式中的各点,如果其中两点不与另外一点一起在一条直线上,就在这两点之间连上一条线段,称为边(edge). 例如,图 8 给出了对应于图 1 中 7 点和 8 点植树方式以及图 2 中另一种 8 点植树方式的图. 两种 8 点植树方式的基本差别十分清楚地显示在它们的图中. 例如,一个图包含着一个三角形而另一个图则不包含.

图 8

假设一种植树方式中的某一点有 k 条直线(每条直线均经过 3 个点)经过,那么,在对应的图中,这点就有 $p-1-2k$ 条边与之相连,这是因为那 k 条直线

上的 $2k$ 个点在对应的图中不能与之相连(我们把与一点相连的边的条数称为这个点的度(degree)).由这个事实出发,就必然有:若 p 为偶数,则图中的每个点都具有奇数度;若 p 为奇数,则图中的每个点都具有偶数度(包括零).这是因为 p 和 $p-1-2k$ 的奇偶性正好相反.

更进一步,考虑对应于一种植树方式的图中的边数.如果在一种植树方式中没有 3 个点在一条直线上,那么在相应的图中任两点之间都有一条边,而且不难知道这样的图(称为完全图(complete graph))共有 $\frac{p(p-1)}{2}$ 条边,然而,植树方式中每有一条经过 3 点的直线,相应的图中就要少 3 条边.

因此,如果一种植树方式中有 l 条直线,则相应的图中就只有 $\frac{p(p-1)}{2}-3l$ 条边.于是,如果 e 是边数,我们就得到

$$e = \frac{p(p-1)}{2} - 3l$$

故

$$l = \frac{\frac{p(p-1)}{2} - e}{3}$$

既然 $e \geqslant 0$,就有

$$l \leqslant \left\lfloor \frac{p(p-1)}{6} \right\rfloor$$

但如果 p 为偶数,则图中每一点的度就为奇数,这意味着度至少是 1.在这种情况下,必然有 $e \geqslant \frac{p}{2}$,所以当 p 为偶数时

$$l \leqslant \left\lfloor \frac{p(p-2)}{6} \right\rfloor$$

使用一个小小的技巧,可把上述这两个关于 l 的不等式合并成一个

$$l(p) \leqslant \left\lfloor \frac{p}{3} \left\lfloor \frac{p-1}{2} \right\rfloor \right\rfloor$$

这个结果没有定理 2 的结论强.为了得到定理 2,我们需要凯莱(Kelly)和莫泽(Moser)的一个定理[5].这个定理说,平面上任何不在同一条直线上的 p 个点中,至少有 $\left\lceil \frac{3p}{7} \right\rceil$ 对点,每对点决定的直线上没有第 3 个点.对于至少有 4 个点的植树方式,这意味着在相应的图中,$e \geqslant \left\lceil \frac{3p}{7} \right\rceil$,因此根据上一段的叙述,我们有

$$l(p) \leqslant \left\lfloor \frac{\frac{p(p-1)}{2} - \left\lceil \frac{3p}{7} \right\rceil}{3} \right\rfloor$$

此即定理 2.

请注意在定理 2 的这个证明中,我们并没有很多地用到对应于一种植树方式的图的精巧构造.但植树方式的图的概念对处理特殊情况十分有用.事实上,所有已知的比定理 2 结论更好的上界,都可由此得到.这些上界是表 1 中 $p=8$,10,12 和 14 时的上界,它们都比由定理 2 计算的结果小 1.我们将介绍 $p=8$ 情况的证明,其他情况与此类似,但证明较长.

要证明 $l(8) \leqslant 7$(这等于说 $l(8)=7$,因为存在着 7 条直线的植树方式),我们必须证明不存在 8 点 8 线的植树方式.用反证法,假定存在一种这样的植树方式.考虑相应的图,边数 e 由

$$e = \frac{p(p-1)}{2} - 3l = \frac{8 \times 7}{2} - 3 \times 8 = 4$$

给出.再者,因为 8 是偶数,所以图中每点的度是奇数.满足这个要求的唯一可能的 4 边图必定由 4 条分离的边组成,如图 9 所示(在图 9 中,图以抽象形式给出,即只表示点之间的关联而不考虑点的实际位置).

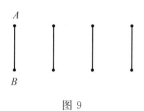

图 9

考虑图中的 A,B 两点.回到相应的植树方式中,我们可用一个射影变换将它们置于无穷远直线上.研究这个图,我们可以看出,在相应植树方式中,其他 6 个点必须位于由点 A 出发的 3 条直线上,同时又必须位于由点 B 出发的 3 条直线上,这种情形以某种图解的方式示于图 10(所谓"图解方式",仅指直线间隔均匀).

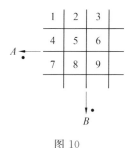

图 10

这 6 个点(除了点 A 和点 B)在植树方式中必定在图 10 所示的 9 个交点之中.而且,我们只涉及(假定存在的)植树方式中的 6 条直线;另外两条直线必定要用到这 9 个交点.添加两条新直线的唯一方法是让它们分别经过 1,5,9 和 3,

5,7——但是这样仅涉及 7 个点,即 $A,B,1,3,5,7$ 和 9(况且,直线 $A5$ 和 $B5$ 上仍然分别只有两个点).因此,要寻找的植树方式是不可能存在的,$l(8)$ 确实为 7.

六、猜想与评论

虽然对这个问题还可以谈很多,对相关的问题甚至可以谈更多,但我们的讨论已经传达了这个主题的风采.我们将对还可以做些什么事做一些评论,并以此作为本文的结束.显然,最理想的事是对所有 p 精确地定出 $l(p)$.这看来很难,但不是不可能.在文[1]中,我们猜想:除了 $p=7,11,16,19$ 时有

$$l(p) = \left\lfloor \frac{p(p-3)}{6} \right\rfloor + 1$$

换句话说,定理 1 已把几乎一切告诉了我们.

人们至少可以期望缩小定理 1 和定理 2 之间的差距.略去定理中取整数的括号,并做减法,我们看到对每个 p,差距约为 $\frac{4}{21}p-1$.因此差距增长得十分慢,如同表 1 所证实的那样.

无论如何,对某些较小的 p,定出 $l(p)$ 或缩小差距,都是十分令人感兴趣的.显然出发点是 $p=13,14$ 或(可能是)15.根据上述猜想,最好是去减小表 1 中的上界.另外,进攻上界将不涉及诸如立方曲线之类的许多知识,而进攻下界则可能要涉及.这种进攻可能需要探寻大量的推理路线.可从这里给出的证明 $p=8$ 情况的方法出发,但许多子情况需要分别考虑.或许一个巧妙的计算机程序在此十分有用.

本文的目的是展示组合数学中有趣的一角,我同时也希望能激发业余爱好者的兴趣,让他们在这个问题或相似的问题上一试身手(关于这一领域中其他某些问题的读物,请看布兰科·格伦鲍姆的精美册子《安排与分布》(*Arrangements and Spreads*)[3]).在这本书①中包括这样一个问题看来特别适宜,因为当今在使数学为大众所理解的工作方面做得最多的是马丁·伽德纳(Martin Gardner).事实上,他已在他的专栏②中讨论过这个植树问题的一些方面[2].确实,植树对于一位数学花园的园丁③来说,是最富成果的行为.

---

① 指 *The Mathematical Gardner* 一书,这是为庆贺著名美国数学科普作家马丁·伽德纳 65 岁生日而出版的文集,载有各国著名数学家撰写的数学科普文章.本文即译自其中. —— 译者注
② 指马丁·伽德纳在《科学美国人》杂志上主持的"游戏数学"专栏. —— 译者注
③ 原文为 Gard(e)ner,是双关语,既指"园丁",又指"伽德纳". —— 译者注

(淑生译自 *The Mathematical Gardner*, David A. Klarner ed., Wadsworth International, 1981, 90. 文中小标题是译者所加.)

参考资料

[1] S. A. Burr, et al. Geometriae Dedicata, 1974, 2: 397.

[2] M. Gardner. Scientific American, 1976: 120.

[3] B. Grünbaum. Arrangements and Spreads. Amer. Math. Soc., 1972.

[4] J. Jackson. Rational Amusement for Winter Evenings. Longman, Hurst, Rees, Orme, Brown, 1821.

[5] L. M. Kelley, W. O. J. Moser. Canad. J. Math., 1958, 10: 210.

[6] J. J. Sylvester. Math. Questions from the Educational Times, 1886, 45: 127.

汽车、山羊及其他
—— 一道概率题及由此引起的思考*

正如著名数学家伯恩斯坦所说,在同公众的交谈方面,数学家最不行,名列"倒数第一". 人们常把这种状况的原因归于:数学本身的性质导致了它的传播困难,且愿意为克服这种困难而不遗余力的数学科普作家又实在太少. 但是,有谁考虑过数学传播的社会机制呢? 最近,在美国发生的一则趣闻给我们以启迪.

一、玛丽莲小姐的问题引起轰动

美国有一家报纸,叫作《行进》(*Parade*). 在它的星期日增刊上,有一个专栏,叫作《请问玛丽莲》(*Ask Marilyn*). 在这个专栏中,常有一些有趣的问题,要广大读者作答,当然,最后权威性的解答由主持人"玛丽莲小姐"给出. 在1990年9月9日的《请问玛丽莲》专栏中,有这样一个问题:

电视节目主持人请你参加一项有奖游戏,就像我国中央电视台《综艺大观》节目中的"请你参加"一样. 首先,主持人让你看3扇关着的门,这3扇门分别编上了号码:1号门、2号门和3号门. 主持人告诉你:其中一扇门后面是一辆汽车,另两扇门后面各有一头山羊,你可以从中选择一扇门,选定后,这扇门后面

---

* 淑生:《汽车、山羊及其他 —— 一道概率题及由此引起的思考》,《自然杂志》1992年第15卷第12期.

的东西就归你了.这可是太富有刺激性了!你当然希望得到一辆汽车,但是此时此刻,你只能凭运气,随机地选择一扇门,除此别无他法.比方说你选择了1号门,但这时主持人(他知道汽车藏在哪扇门后面)打开了另两扇门中的一扇,比方说他打开了3号门,让你看到这后面是一头山羊,并对你说,现在给你一个机会,允许你改变原先的选择,请你考虑一下:是仍然选择1号门,还是改而选择2号门.这时,你该怎么办?

应该说这道题目的设计者真是诡计多端,他(她)把一道概率论方面的数学问题用通俗的方式表达出来,并用一种"节外生枝"的手法把问题弄得扑朔迷离.还是先让我们用概率论的术语把问题表达清楚:在这种情况下,是仍然选择1号门而获得汽车(即汽车是藏在1号门后面)的概率大,还是改而选择2号门获得汽车(即汽车是藏在2号门后面)的概率大?

大概玛丽莲小姐自己也没有料到,当她的"权威性"答案公布以后,在美国引起了轰动.从二年级的小学生到研究生,甚至具有博士学位的读者纷纷写信到报社,对玛丽莲小姐的答案提出了自己的看法.在这成千上万的来信中,有90%认为玛丽莲小姐的答案是错误的.据说这90%的读者中,有约1 000位是博士,甚至在卷入这场讨论的美国大学教授中,也有$\frac{2}{3}$对玛丽莲小姐的答案持反对意见.

现在让我们来看看玛丽莲小姐的答案和大多数读者的看法.

玛丽莲小姐的答案　玛丽莲小姐说,这时你应该改而选择2号门,因为本来汽车藏在1号门后面的概率为$\frac{1}{3}$(一共有3扇门,汽车藏在其中任何一扇门后面的概率都一样,故各为$\frac{1}{3}$),而藏在2号门或3号门后面的概率为$\frac{2}{3}$.现在3号门被排除了,汽车藏在2号门后面的概率就增加到$\frac{2}{3}$了.

大多数读者的看法　既然现在3号门后面不是汽车,那么汽车藏在1号门后面和藏在2号门后面的概率是相等的,各为$\frac{1}{2}$,故仍选1号门和改而选择2号门都一样,无所谓.

玛丽莲小姐振振有词,似无懈可击;大多数读者的看法理由明了,似符合直觉.问题出在哪里呢?

这个问题现在也传到了中国.上海少年儿童出版社出版的《少年科学》杂志今年6月号上介绍了这个问题,并认为玛丽莲小姐的答案及理由是正确的.甘肃人民出版社出版的《读者文摘》杂志(它拥有几百万读者)今年10月号和11月号上分别转引了《少年科学》的介绍和解答.看来它至少已引起了我国传播媒介的兴趣.

二、吉尔曼教授的分析使人诚服

无论如何,即使玛丽莲小姐的答案及其理由是正确的,也应该对大多数读者的看法给出一个分析,分析它到底错在哪里,以使人们心悦诚服,因为这种被认为是错误的看法是那么的符合直觉.

在今年 1 月号的《美国数学月刊》(American Mathematical Monthly)上,美国得克萨斯大学奥斯汀校区数学系的伦纳德·吉尔曼(Leonard Gillman)教授发表了一篇题为《汽车和山羊》的文章,对这个问题做了精辟的分析,并讨论了一些关于概率论理论结果同直觉经验之间矛盾的问题.他的结论是:玛丽莲小姐的解答不尽全对,确切地说,其答案——应该改而选择 2 号门,是正确的,但其理由是错误的;大多数读者的看法不尽全错,确切地说,在某种特殊情况下,选择 1 号门或 2 号门确实是一回事.

在介绍吉尔曼的分析之前,顺便介绍一下吉尔曼本人的情况.吉尔曼是美国著名的数学家,在运筹学、超越数论、函数论等领域中均颇有建树.他从 27 岁起一直在美国海军运筹学研究机构工作,到 36 岁时获哥伦比亚大学博士学位,后在美国珀杜大学、罗切斯特理工学院、得克萨斯大学奥斯汀校区任教,至 1987 年退休.其间在普林斯顿高等研究院工作过两年.他曾担任过两年美国数学协会主席.令人感兴趣的是,他还是美国一位颇有名气的钢琴家.事实上,他年轻时先是一位钢琴家,后来才转向数学的.数学才华和艺术才华同集于一人之身,颇耐人寻味.

现在我们来介绍吉尔曼的分析.

1. 玛丽莲小姐的错误之所在

吉尔曼首先指出了玛丽莲小姐的理由之错误.在 3 号门未被打开之前,汽车藏在 2 号门或 3 号门后面的概率确实是 $\frac{2}{3}$.但 3 号门被打开并让你看到这后面是一头山羊之后,汽车藏在 1 号门后面的概率和藏在 2 号门后面的概率就有可能发生变化.在概率论中,一个事件的发生与否不影响到另一个事件发生的概率,就称这个事件与另一个事件独立.现在"3 号门被打开"这件事发生了,那么这是否影响到"汽车藏在 1 号门后面"和"汽车藏在 2 号门后面"这两件事发生的概率呢?玛丽莲小姐事实上认为只影响到后者而不影响前者.因此前者的概率仍为 $\frac{1}{3}$,且因为两者概率之和应为 1,故后者的概率增加到 $\frac{2}{3}$.这就错了."3 号门被打开"这件事发生的概率显然受到"汽车不藏在 3 号门后面"这件事的影响,而后者是"汽车藏在1号门后面"或"汽车藏在2号门后面"的直接结果.因此"汽车藏在1号门后面"不一定(当然也有可能)与"3号门被打开"独立.初等概率论的一个基本结论是,独立是相互的.故"3号门被打开"也不一定与"汽车藏在1号门后面"独立.也就是说,"3号门被打开"这件事发生后,"汽车藏在1号门后面"这件事发生的概率有可能发生变化,而玛丽莲小姐却认为不会发生变化.

吉尔曼在《汽车和山羊》一文中还指出,玛丽莲小姐的说法倒可以成为在下述游戏中应该放弃1号门的理由:假设你先选择了1号门,节目主持人在打开2号门或3号门之前,允许你改变主意,放弃1号门但暂时不做新的选择;如果你同意改变主意,节目主持人将打开2号门或3号门,让你看到一头山羊,然后再请你选择(当然不让你再选择1号门,于是选择也就是多余的,你只能选那扇未被打开的3号门或2号门).在这种游戏中,你应该放弃1号门,因为这时汽车藏在各扇门后面的概率没有发生变化.坚持选择1号门,你获得汽车的概率只有 $\frac{1}{3}$;放弃1号门,你将有 $\frac{2}{3}$ 的概率获胜.不过这样的游戏实在是索然无味.

2. 大多数读者的看法似是而非

玛丽莲小姐的理由固然不对,但大多数读者的看法是否正确呢?沿着上述分析的思路,可以看到,他们的看法实际上是"3号门被打开"这件事的发生确实使"汽车藏在1号门后面"这件事发生的概率产生了变化,不过是从 $\frac{1}{3}$ 变到 $\frac{1}{2}$.他们的理由却是遵循另一条十分符合直觉而且简单的思路:当3号门被打开并让你看到后面是一只山羊后,这扇门连同那只山羊便从游戏中排除出去了;现在只有两扇门,一扇门后面是一辆汽车,另一扇门后面是一头山羊;既然汽车是随机地放在某扇门后面的,因此它在这扇门后面和那扇门后面的概率应该一样,都为 $\frac{1}{2}$.这个理由十分自然.如果在游戏开始之前就把3号门打开并让你看到一只羊,这确实是一个正确的理由.但是不要忘记:在游戏开始之后而在3号门被打开之前,发生了这样一件事——你选择了1号门!这件事非同小可,它直接决定了"1号门不会被打开"这件事,而后者又决定了"2号门被打开"或"3号门被打开".如前所述,这两件事又影响到汽车藏在哪扇门后面的概率.总之,"你选择了1号门"这件事发生后,引起了各相关事件在其发生概率上的错综复杂的变化,因此绝不能把这件事发生后的情况同发生前的情况视作同一.不过我们也不必沿着这条复杂的思路来求得这个问题的正确解答.还是让我们来看看吉尔曼那机智的推演吧!

3. 吉尔曼的机智推演

从前面的介绍中可以看出,"3号门被打开"是一个十分关键的事件. 我们要知道的是,在这件事发生之后,"汽车藏在1号门后面"和"汽车藏在2号门后面"的概率(这两者之和为1,因此事实上我们只要知道其中之一即可). 在概率论中,某个事件在另一事件已发生的情况下发生的概率,称为条件概率. 玛丽莲小姐的问题就是一个条件概率问题. 为便于下面的叙述,我们引进一些符号. 当然,对于已熟悉初等概率论的读者来说,这是多余的.

事件 C_i:汽车藏在 i 号门后面, $i=1,2,3$.

事件 H_j: j 号门被打开(门后面是一头山羊), $j=1,2,3$.

此外,我们把事件 A 发生的概率记作 $P(A)$,把事件 B 在事件 A 已经发生的情况下发生的条件概率记作 $P(B\mid A)$. 这样,"3号门被打开"的概率就是 $P(H_3)$;"汽车藏在2号门后面"的概率就是 $P(C_2)$;在3号门被打开的情况下汽车藏在2号门后面的概率就是 $P(C_2\mid H_3)$,这是我们要知道的,简记为 P(于是 $P(C_1\mid H_3)=1-P$);前面说过,"3号门被打开"即 H_3 的发生受到"汽车藏在1号门后面"C_1 和"汽车藏在2号门后面"C_2 的影响,故应考虑 $P(H_3\mid C_1)$ 和 $P(H_3\mid C_2)$,但显然 $P(H_3\mid C_2)=1$(即如果汽车藏在2号门后面,节目主持人就只好打开3号门),故 $P(H_3\mid C_1)$ 十分关键,简记为 q.

我们还需要初等概率论的一个基本公式

$$P(A\cap B)=P(A)P(B\mid A)=P(B)P(A\mid B)$$

其中, $P(A\cap B)$ 表示事件 A 与事件 B 同时发生的概率.

由这个基本公式,我们有

$$P(H_3)P(C_i\mid H_3)=P(C_i)P(H_3\mid C_i)\quad(i=1,2,3)$$

注意到 $P(C_i)=\dfrac{1}{3}, i=1,2,3$, 有

$$P(H_3)P(C_1\mid H_3)=\frac{1}{3}P(H_3\mid C_1)$$

用 $1-P=P(C_1\mid H_3)$, $q=P(H_3\mid C_1)$ 代入,有

$$P(H_3)(1-P)=\frac{q}{3}$$

即 $P(H_3)=\dfrac{q}{3(1-P)}$. 再用 $P=P(C_2\mid H_3)$ 和 $P(H_3\mid C_2)=1$ 代入

$$P(H_3)P(C_2\mid H_3)=\frac{1}{3}P(H_3\mid C_2)$$

得

$$\frac{qP}{3(1-P)}=\frac{1}{3}$$

即
$$P = \frac{1}{1+q}$$

这个式子说明,在3号门被打开后,汽车藏在2号门后面的概率既不是玛丽莲小姐所认为的 $\frac{2}{3}$,也不是大多数读者所认为的 $\frac{1}{2}$,而是一个同汽车藏在1号门后面时节目主持人打开3号门的概率 q 有关的变数. 但是由于 $q \leqslant 1$,故 $P \geqslant \frac{1}{2}$,即当3号门被打开后,汽车藏在2号门后面的概率不会小于藏在1号门后面的概率——玛丽莲小姐的结论是对的:应该改而选择2号门!而当 $q=1$ 时,$P = \frac{1}{2}$——大多数读者的看法也有对的时候,即如果你吃准当汽车藏在1号门后面时,节目主持人一定会打开3号门,那么选择1号门或2号门都无所谓(注意当汽车藏在2号门后面时,节目主持人也不得不打开3号门). 此外,当 $q = \frac{1}{2}$ 时
$$P = \frac{2}{3}, P(C_1 \mid H_3) = P(C_1) = \frac{1}{3}$$
即这时"3号门被打开"与"汽车藏在1号门后面"相互独立.

三、理论结果与直觉经验

玛丽莲小姐的问题现在应该说是完全解决了,但它留给人们两个值得思考的问题,一是为什么作为《请问玛丽莲》栏目的主持人,自己对自己提出的问题做出了错误的解答,同时又有那么多人,包括许多博士和教授,虽然认为这个解答是错误的,但他们自己却给出了更加错误的答案. 另一是为什么这样一个确实有一定难度的概率论问题,会在美国引起轰动. 要知道,一般公众对数学问题总是敬而远之的. 本节先谈前一个问题.

一般人们把一切与直觉和日常经验相矛盾的结论称为悖论. 在数学各分支中,概率论可说是悖论的一个丰产地. 而且概率论悖论有这样一个特点:如果说其他分支中悖论的产生有时是由于直觉经验的不可靠,有时是由于数学理论本身的不完善,那么概率论悖论可说是清一色地由于直觉经验的不可靠引起的. 依笔者所见,具体说来主要是由于两类主观错误:一类是忽略了事件的相关性或独立性,把不独立的事件当作独立事件处理,吉尔曼的正确结论与玛丽莲小姐的错误直觉矛盾,即由于此(也有把独立事件当作不独立事件处理的,如认为连续生了3个女儿后,再生是儿子的概率会变大,但本文对此不做展开);另一类是先验地设定一些事件的概率分布,特别是设定为等概率分布,吉尔曼的正

确结论与大多数读者在玛丽莲小姐问题上的错误直觉矛盾,即部分地由于此.

对于后一类主观错误,一般公众恐难免.有这样一个骗局:一共有 4 张扑克牌,两红两黑,让你从中抽两张,若两张全红或全黑,则你赢,否则输钱.这表面看来很公平,甚至你还占了一点便宜:全红、全黑、一红一黑,共 3 种情况,你占了两种,可说有 $\frac{2}{3}$ 的赢面;或者全红、全黑、一红一黑、一黑一红,一共 4 种情况,你占两种,也不吃亏.其实细心算一下,就可知从 4 张扑克牌中抽出两张一共有 6 种可能情况,全红和全黑只有 2 种,其余 4 种均使你输钱.

对于前一类主观错误,恐怕数学家都难免.吉尔曼就有一个经验.在打桥牌时,每人都从一套 52 张扑克牌中发得一手 13 张牌.容易计算,这 13 张牌中至少有两张 A 的概率约为 0.26.现在问:(ⅰ)如果已知这 13 张牌中有一张 A;(ⅱ)如果已知这 13 张牌中有一张红心 A,那么这 13 张牌中至少有两张 A 的概率是多少?初看之下,这张 A 是不是红心 A 似乎与"13 张牌中至少有两张 A"这件事无关,因此在(ⅰ)(ⅱ)两种情况下,答案应该是一样的.吉尔曼当初就是这样想的.但仔细一算,前者的答案约为 0.37,而后者约为 0.56.两者相差可观.可见原先那张 A 是不是红心 A 大有关系.

这样看来,玛丽莲小姐问题的提出者自己也发生这样一种错误就不足为怪了.至于大多数读者的错误,事实上既包括后一类一般公众易犯的错误(先验地假设等概率分布),又包括前一类连数学家都难免的错误(忽略了事件"已选择 1 号门"与其他事件的相关性),因此也难怪有这么多人,包括许多博士和教授,纷纷跌入直觉经验的"陷阱".

四、数学传播的社会机制

本节谈上述第二个问题,即为什么这样一道概率论题目,会在美国引起轰动.

著名数学家伯恩斯坦说过,在同公众的交谈方面,数学家最不在行,名列"倒数第一".人们常把这种状况的原因归于:现代数学概念具有高度的抽象性,而掌握这些概念又必须逐级而上、循序渐进;除了少数数学家在不遗余力地向公众描述数学里"像诗画那样美丽的境界"(茹可夫斯基语),大多数数学家安于孤立,不愿去做那困难甚至痛苦的数学传播工作.而如今,这么一道概率论题目,竟引起这么多人的兴趣,这恐怕是它的提出者所始料未及的.真是"无意插柳柳成荫".从中我们难道不能得到什么启迪吗?

依笔者所见,这个问题之所以会有这般轰动效应,除了它那通俗有趣的形式及令人迷惑的解答,恐怕同美国的社会现实有关.我们知道,美国是一个商品经济高度发达的国家,任何人的日常经济行为,既充满希望又饱含风险.这样,研究随机现象的概率论,便成为人们在日常生活和工作中做判断时的有用工具.在美国,概率论已进入中学甚至初中的教学大纲.毋庸讳言,赌博在美国作为一项公开合法的"娱乐",也对概率论知识的传播起到了某种促进作用.人们希望获得更多的概率论知识,愿意探讨概率论中的应用问题或有趣问题.因此,当遇到这样一个复杂程度适中的有趣问题连带它那似是而非、似非而是的解答时,人们既有知识基础,又有浓厚兴趣,纷纷投入对它的讨论中 —— 因为这是"有用的"数学!

  数学科普作家在向公众传播数学时,往往注重于体现数学中的美,事实上这是把数学作为一种文化来传播.当然这无可厚非,但如果在体现数学中的美的同时,注重那些对现实社会生活有直接应用价值的数学题材,从而得到事半功倍的效果,岂不更好?

跛足警车问题*

  某国有座大城市,街道纵横,直角相交,经纬均以数字编号,井然有序.但是,在和平安谧的环境中,也不时传来警车的呼啸声.看来,又有暴徒行将落入法网.然而却有人相信,有人摇头.

  警车装备先进,速度极快.但联邦政府与州、市的交通法则颇为严格,执法者也必须遵守,不准违犯,所以,警车速度不能越过市区车辆行驶速度的"上限",不准开倒车,只能右转弯,而不能左转弯.然而,匪徒们的车子却可以不受一切限制."反正已经犯了法,打算破罐子破摔,谁来吃你那一套?"他们是这样想,也这样干的.只要能逃脱追捕,其他一切在所不惜.

  曾获运筹学国际大奖——兰彻斯特奖(Lanchester Prize)的美国数学家艾萨克斯(Rufus Isaacs)为此曾提出过一个特别有趣、意味深长的"跛足警车"模型,来模拟警、匪之间一场惊心动魄的斗智、斗力.该问题发表之后,立即引起强烈反响,引出各界人士一场热烈的讨论、争鸣与诘难,并成为脍炙人口的运筹学世界名题之一.

  艾萨克斯把问题量化,设想在一无限长的围棋盘上置有黑、白棋子各一枚,白子记为P或♚,代表警车"老白猫"("白猫警长");黑子记为E,代表盗匪"黑手党"的轿车(图1).黑、白棋子都置放在直线的交点上,双方轮流走棋.白子走子时,每次

---

* 谈祥柏:《跛足警车问题》,《科学》1995年第47卷第2期.

可向前或向右移动2个单位的距离;黑方走子时,每次只能移动1个单位距离,但可任意选择其一:向前、向后、向右、向左.当P和E的落点重合(相当于中国象棋的"吃子"),或E陷入一个以P为中心的九宫格内时,即认为E已被抓获.追捕时,警车上装备有全市大比例尺的明细地图及远红外线传感器,所以强盗车在任一瞬间的位置可一望而知.

由于警车速度远远快于匪车,追捕时间也无限制,缉盗奖金又极为丰厚,虽然也存在明显的不利因素(主要在于警车不能自由转弯,才被艾先生风趣而挖苦地称为"跛足警车(hamstrung squad)",一般人总是认为,随着时间的推移,或迟或早,强盗车终究要被逮住.

令人感到出乎意料的是,艾氏通过严格的数学论证,竟得出一个使人几乎不敢相信的结论:追捕中存在"盲区"和"死角",黑手党徒们只要运用正确的"动态对策"手段,警车是没有本事把他们抓住的.这个研究结论甚至使艾先生本人也大吃一惊,于是他不无幽默地建议适当修改法律,赋予警车以特殊权力,像中国历代皇帝赐给钦差大臣的"尚方宝剑"一样,可以"先斩后奏",便宜行事!

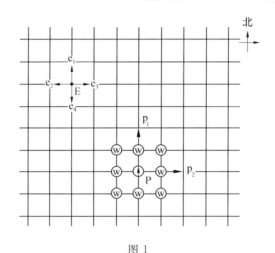

图1

Ⓦ表示警车的火力圈.E 一旦落入九宫格内,即被警方捉拿归案.下一步行走时,P可以从p处走到p_1或p_2,E则可走到e_1,e_2,e_3和e_4中的一处

艾氏把动态对策原理、离散数学中的一种特殊数学归纳法及物理学上的相对运动概念巧妙地结合起来,从而精确地算出:全部棋盘上只有70个"被擒位置",初始状态落在其上的黑车E才能被擒.除了这70个地点,图上任何其他地方的黑车E都不可能被抓住.当然这一切都是指双方的应对都很正确,中间不出任何错误,否则就无意义可言.

推算出这样一个精彩的图(图2),是花费了艾先生不少心血的.其计算本

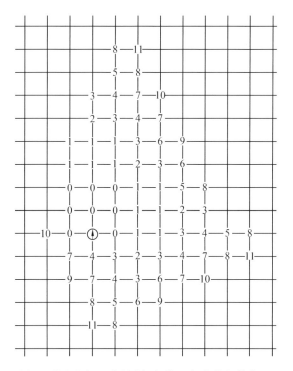

图 2 "黑手党"E 将被"老白猫"P 抓住的初始位置

图中的数字表示它被擒的步数.容易看出,图中只有三个地方的黑车 E 有望在 11 步内就擒,但这已是最多的步数.一旦超过这个"极限",E 就可以大摇大摆地逃之夭夭,逍遥法外

质上是一种"标号算法",基本观点与思路同运筹学中常见的最短路算法、网络最大流算法等如出一辙,但别具匠心.

对前面的几步 $n=0,1,2$,都是很容易察知的,几乎不用什么计算.现在设 S 为已标明被擒步数 $v(x)$ 的点的集合(这里的 v 称为值 value,即被擒步数),x 是棋盘上的某个交叉点.显然 $v(x)$ 是 x 的函数,一般取非负整数,但也可以是无穷大,这就表明落在 x 上的黑车 E 不可能被擒,它可以"笃定泰山".

现在的问题是:怎样一步步地扩大集合 S 呢?可以设想在 S 的外围还有若干待标号的点 x,现考虑 P 的一步行动把 x 带进已界定了明确范围的 S 集;如果此时 x 的所有邻点都已有了标号,而且其中至少有一个邻点的标号为 n,在这种情况下,我们就可将待定的交叉点 x 打上其新标号 $n+1$.以上原则就是艾萨克斯所发现的从 n 到 $n+1$ 的特殊形式的离散数学归纳法.请看,它与一般常见的数学归纳法是多么的不一样.

遵循这种思路,人们一步步地推演,即可算出当标号到达 11 时,集合 S 就已经"封顶",不能再继续扩大,它已经是一个完备集了.

跛足警车游戏做起来特别有趣味.人们几乎马上可以看出,就在警车 P 初始位置左上侧 1 格,眼看可以马上"手到擒来"的"黑手党"的轿车 E,却是没有办法把它抓住的,只能眼巴巴地看着它在肘腋底(俗称"胳肢窝")下溜之大吉,真是太"窝囊"了!

艾先生建议把双方的行动对策以及追、逃双方的轨迹都用图表给出.他不无得意地说:"这肯定会给对局者上了一堂生动的活数学课."

微分博弈对搜捕罪犯、军事运筹、导弹袭击、反导弹防御、自动控制……都有重大价值,理应引起学术界的高度重视.

一些计算机大企业集团也不肯放过艾萨克斯先生,对他奉若神明,卑礼厚辞再加上重金酬谢,恳请他设计出一些别开生面又特别迷人的电子游戏,为他们赚取巨额利润.对此,洁身自好的艾先生十有八九要婉言谢绝.

参考资料

[1] Mathematical Gazette, v43, 343:34
[2] R. Isaacs. Differential Games. New York: John Wiley & Sons, Inc., 1965.

从所罗门王的智慧谈起

一、引　子

据《圣经·旧约·列王纪上》载,古以色列国所罗门王时期,有两妇人都声称一婴儿是自己的孩子,争执不下,于是诉至国王所罗门前.所罗门王略一思索,命令拿把剑来,对这两个妇人说:"这好办,把这活娃娃劈成两半,一半归你,一半归她."听了这话,一妇人说:"杀就杀吧,反正谁也别想得到."另一妇人大惊失色:"啊,主上,让她得到孩子吧,无论如何都别杀这孩子."所罗门王即刻明白了真相,把孩子判给了后一妇人.

《圣经》是基督教的经典,但它也是犹太古文化的结晶,因此无论怎么说,这个所罗门王巧断疑案的故事毕竟反映了犹太民族的智慧.

同样的智慧也在我们中华民族的文化宝库里闪烁着光芒.元代杂剧《包待制智勘灰阑记》中,包拯也遇到两妇人争夺一男孩的疑案.他的断案方法与所罗门王的有异曲同工之妙:他命人在大堂上用灰画一个圈,置孩子于圈中,然后叫这两个妇人分立于圈的两旁,用力拉那孩子,谁能将孩子拉到圈外自己这边,就将孩子判给谁.一妇人穷凶极恶地拉;另一妇人起先也用力拉,但她看到孩子被拉得疼痛万分、号啕大哭时,便放手掩

---

* 朱惠霖:《从所罗门王的智慧谈起》,《科学》1996 年第 48 卷第 1 期.

面而泣.包大人心明如镜,公正结案.

在没有现代遗传学手段的古代,所罗门和包拯能用如此巧妙的方法做"亲子鉴定",确实不同凡响.然而,所罗门也好,包拯也好,不管他们自己是否意识到,他们实际上利用了关于人类行为的一个司空见惯的现象:同一个客观角色,对于不同的人有不同的价值.同一个孩子,在假母亲看来,是可以拿来充当自己子女的对象;而对于真母亲,这孩子则是自己的亲生骨肉.当有一种方法可区别她们对这孩子的不同价值观时,真假也就分明了.

二、"两人分蛋糕"问题

人们对同一客观对象有着不同的价值观,是人类社会经济活动中的一个基本事实.可以说正是这个基本事实,导致了产品交换、商品买卖、物品拍卖等一系列的经济贸易行为.然而,也正是这个基本事实,使得在财产分割、利润分配、国界划定等人类经济政治活动中产生许多纠缠不清的问题.为说明这一点,让我们先介绍一个简单而有趣的"两人分蛋糕"问题.

设有 A,B 两个孩子,要分一个奶油蛋糕,问怎样才能够分得公平合理.或许你以为只要有一架天平,把蛋糕切成质量相等的两块就可以了.然而且慢,因为在孩子 A 看来,蛋糕上的那层奶油是十分诱人的,他不能接受在质量上不吃亏但奶油较少的那块.而 B 认为,虽然奶油香甜可口,但奶油上镶嵌着的那几颗樱桃更为可爱,而且他也不愿意在质量上吃太大的亏.这下可麻烦了,到底该怎么分呢?

一个绝顶聪明的方法是:先让这两个孩子中的一个,不妨设为 A,按照他自己的看法把蛋糕切成相等的两块,然后让 B 来挑选他更喜欢的一块.这样一来,万事大吉.蛋糕是由 A 均分成两块的,因此在他看来,无论拿哪一块都不吃亏.而 B 是挑选者,他也不会挑选他认为价值较低的那块.于是双方都没有异议,皆大欢喜.这个方法,可称为"你切我选"方法.

三、"n 人分蛋糕"问题

1942 年前后,波兰数学家斯坦因豪斯(H. Steinhaus)在国土沦亡,无法静心从事他所擅长的泛函分析研究的情况下,开始思索这个"分蛋糕"问题.当一个数学家面对这种问题的时候,他首先考虑的是把这个问题的条件从"两人"推广到"n 人",然后在"n 人"的条件下,明确问题的要求.斯坦因豪斯考虑的一个初步推广是:

设有 $n(n \geqslant 2)$ 个人分一个蛋糕,要求设计一种分蛋糕的方法,使得每个人都认为自己所分得的蛋糕(按照各人自己的价值观)不少于整个蛋糕的 $\frac{1}{n}$.

对 $n=2$ 的情况,已有你切我选的方法,但它并不能推广到 n 为任意大于 2 的自然数的情况. 1943 年左右,斯坦因豪斯给出一个解决 $n=3$ 情况的巧妙方法,但他的方法仍不能推广到任意大于 3 的自然数 n. 当然他可以继续研究 $n=4$ 的情况,但最好是找到一个能适用于任意自然数 n 的方法. 斯坦因豪斯百思而不得其解,于是他把这个问题提给几个数学家朋友. 1944 年左右,这个问题被同样处于困境的波兰数学家巴拿赫(S. Banach)和克纳斯特(B. Knaster)解决. 下面我们就来介绍他们的解决方法.

为叙述方便,不妨以 $n=4$ 为例. 读者不难把它类推到 n 为任意自然数的情况.

设有 A,B,C,D 四人,要均分一个蛋糕. 我们可先让 A 按照他自己的价值观从蛋糕中切出 $\frac{1}{4}$ 的一块,然后让 B 来检验. 如果 B 认为这块蛋糕不大于 $\frac{1}{4}$(当然这是按照 B 的价值观,以下各人的判断均按各人自己的价值观,这一点不再重复说明),就把这块蛋糕移交给 C. 如果 B 认为它大于 $\frac{1}{4}$,就用刀切去一些"零头",使它成为 $\frac{1}{4}$,再把它移交给 C 评判. 切下的零头暂搁一旁. C 对这块蛋糕重复 B 的做法,并把它移交给 D. 如果 D 无异议,我们就把这块蛋糕分给最后一个切蛋糕的人;如果有异议,就请 D 把它切成 $\frac{1}{4}$,并规定 D 必须拿这块蛋糕. 这一轮下来,总有一个人得到自认为是 $\frac{1}{4}$ 的一块蛋糕,于是他退出分配. 现在把剩下的蛋糕(包括可能切下的零头)拼合在一起,成为一整块蛋糕. 这块蛋糕在分得蛋糕的人看来是原先的 $\frac{3}{4}$,而在其他人看来则可能大于 $\frac{3}{4}$. 现在让其余三个人对剩下的那块蛋糕重复上一轮的操作,不过这次以 $\frac{1}{3}$ 为目标,于是又有一人得到他自认为至少是前一轮剩下蛋糕的 $\frac{1}{3}$,原先蛋糕的 $\frac{3}{4} \times \frac{1}{3} = \frac{1}{4}$ 的一块. 最后剩下两人,用你切我选的方法即可解决.

四、公正合理的结果不一定人人满意

巴拿赫—克纳斯特方法得到公正合理的分配结果,但公正合理是否就一定会使每个人都满意呢? 在现实的财产分配活动中,往往有这样的情形:人人都得到自己认为应得的那一份,可还是有人感到不满意,因为他看某人得到的比他的多,这显然是嫉妒心理在作怪.因此,作为现实分配问题的一种抽象,"n 人分蛋糕"问题不得不把这个因素考虑在内.于是,就有了"n 人分蛋糕"问题的进一步提法:

设有 $n(n \geq 2)$ 个人分一个蛋糕,要求设计一种分法,使得每个人都认为自己所得的不少于他人.

容易证明,一个满足上述要求的分配方法一定使每人都得到自认为不少于 $\frac{1}{n}$ 的一块蛋糕,但反之不行.除了解决"两人分蛋糕"问题的你切我选方法——它不但使两人都认为自己至少得到蛋糕的 $\frac{1}{2}$,而且都认为自己所得不少于对方.当 $n \geq 3$ 时,斯坦因豪斯的方法不能做到这一点,巴拿赫－克纳斯特的方法也不能做到这一点.

那么,这种使人人都满意的方法是否存在呢? 早在20世纪40年代初,斯坦因豪斯就用泛函分析中的李雅普诺夫凸性定理证明了它的存在性,但仅仅是存在性,具体方法仍不得而知.1960年左右,美国数学家塞尔弗里奇(J.Selfridge)和英国数学家康韦(J.Conway)先后独立地解决了 $n=3$ 的情况,这个问题才算有了实质性的进展.

塞尔弗里奇－康韦的方法充分显示了数学灵活机智的思维特点,现介绍如下:

首先让 A 把蛋糕均分为三块,然后由 B 来检验.下面分两种情况:

如果 B 认为价值最大的两块是"并列第一",那么就让 C 先在这三块蛋糕中进行挑选.C 自然会挑自认为最大的一块.接着由 B 挑,既然 B 认为最大的两块价值相等,就算已被 C 拿去一块,他还有另一块可选,因此他也拿到自认为最大的一块.剩下的一块给 A,但是在 A 看来,他原先分出的三块蛋糕是一样的,所以他这块也不小于别人的.于是每个人都感到满意.

如果 B 认为最大的两块不相等,那么 B 就必须用刀把其中较大的一块切下一些零头,造成两个"并列第一".现在暂不管切下的零头,让三人依 C,B,A 的顺序对这三块蛋糕进行挑选.但是如果让 B 挑选的两块蛋糕中有曾被切去零头的那块,则规定他必须选这块.基于与上面类似的道理,就这三块蛋糕而言,每人都认为自己得到的不少于他人.那么对零头该怎么分呢?

注意 B 和 C 两人中总是一人拿到被切去零头的蛋糕,而另一人拿到未被切去零头的蛋糕,我们就让后者来把零头均分为三份.由此这个人就称为"分零头者",而前者(他拿到的是被切去零头的蛋糕)则称为"非分零头者".现在依"非分零头者、A、分零头者"的顺序对这分下的三份零头进行挑选.最先挑选的非分零头者自然选其中最大的,加上他原先拿的自认为最大的那块蛋糕,仍然是最大的.在 A 看来,由于非分零头者原先那块蛋糕曾被切去零头,即使加上整个零头也不过同自己的一样大,现在非分零头者只不过加上了零头的一部分,因此他对非分零头者所得毫不在意.他又先于分零头者挑选,自然也不会比后者吃亏.至于分零头者,这三份零头对他来说具有同样价值,他原先那块又不比别人的少,不等量加上等量仍然是不等量.于是三人都感到满意.

塞尔弗里奇－康韦的这个方法虽然巧妙,但是不能推广到一般的 n. 这里的问题在于:当进行到分配零头的阶段时,三人的挑选顺序发生事先不能确定的变化,而这种变化无法类推到 $n \geqslant 4$ 的情况.

五、总该使人人都满意了

时间又过了 30 多年,"n 人分蛋糕"问题仍悬而未决.1992 年,美国《科学》(Science)双月刊的专栏作家奥利瓦斯特罗(D. Olivastro)在该刊的 3～4 月号上撰文综述"n 人分蛋糕"问题.不料,这篇文章引起了一位非数学家的注意,他就是美国纽约大学的政治学教授布拉姆斯(S. Brams).布拉姆斯也设计了解决 $n=3$ 情况的一种方法,与塞尔弗里奇－康韦方法在第一轮操作上完全相同,但在分配零头时,他仍按照第一轮的操作顺序,让 A 来均分零头,由 B 来检验(若有必要,产生两个并列第一),再依 C,B,A 的顺序来进行挑选.这样便有可能出现零头的零头,于是再进行一轮操作,又出现零头的零头的零头……,这就导致分蛋糕过程的无限进行而不能终止.看来布拉姆斯的方法比不上塞尔弗里奇－康韦方法.但是,布拉姆斯对此表现出了政治学家的务实态度.他说,这又有什么关系,不管按谁的价值观,零头总是越分越小,分到后来,总会使每人都认为剩下的零头已微不足道而不予计较.布拉姆斯坚信,每次分零头都让三人保持同样的操作顺序,是把这个方法推广到一般的 n 的关键(后来的事实证明,他的这个信念是正确的).

但是,当布拉姆斯把他的方法推广到 $n=4$ 时就遇上了麻烦.于是,他求教于他的朋友、纽约州协和学院的数学教授泰勒(A. Taylor),并告诉他不必拘泥于操作过程的有限性.

泰勒听了布拉姆斯的介绍后,便着手思考这个问题.说来有点戏剧性,泰勒在一次监督学生考试时,百般无聊中突然来了灵感:他一下子把布拉姆斯的方法推广到了一般的 n.

我们先来介绍泰勒发现的推广方法在 $n=4$ 时的操作步骤.首先让 A 把蛋糕均分为 5 块(注意,不是 4 块),然后由 B 用切去零头的方法产生三个并列第一,再由 C 用同样的方法在 5 块蛋糕中产生两个并列第一,最后依 D,C,B,A 的顺序进行挑选,并规定 B 和 C 若遇到有他们切过的蛋糕,则必须选之.读者可以自己证明,就选中的4块蛋糕而言,各人都认为自己所选的不少于他人.当然,还留下了一块未被任何人选中的蛋糕和一些零头.把它们拼合成一块蛋糕,进行下一轮同样的操作.

看起来有点出人意料,泰勒一开始不是让A把蛋糕均分成4块,而是5块.其实,只要仔细想一下,就会发现,要保证最后让A挑选时,至少保留一块未被别人切过的蛋糕,就必须在一开始有5块蛋糕.下面以$n=5$为例来说明这个方法在向一般的n类推时的情况.

当$n=5$时,B的地位就像$n=4$时A的地位,因此他必须造成5个并列第一;而C如同$n=4$时的B,必须造成3个并列第一;D类推.于是,B可能切过4块蛋糕,C可能切过2块,D可能切过1块,而E可能挑选了1块未被任何人切去过零头的蛋糕.因此,要保证轮到A挑选时至少有一块未被别人切过的蛋糕,他一开始就必须把蛋糕均分成$4+2+1+1+1=9$(块).现在读者应该不难用数学归纳法推出,当n为不小于3的自然数时,一开始应当让A把蛋糕均分为$2^{n-2}+1$块,接下去的操作也就不必再细述了.

这样,在容许分蛋糕过程可以无限的条件下,使n个人每人都满意,而且使布拉姆斯也满意的分法就找到了.但泰勒并不满意,按照数学的要求,他必须还要找到在有限步操作内完成分蛋糕过程,并使人人都满意的方法.1992年底,这样的方法终于被泰勒宣称找到,但是有关的论文到1995年初才正式发表,让人们得窥其"庐山真面貌".这下,总该人人都满意了吧.

泰勒发现的操作步骤有限的方法用到了一些数学分析上的技巧,要看懂他的论文得有一定的数学修养,这里就不介绍了.需要指出的有两点:

(1) 从泰勒的论文可见,布拉姆斯关于操作过程可无限和操作顺序不变的想法对这个问题的最后解决十分关键.这说明数学家与其他领域的专家合作有百利而无一弊.

(2) 泰勒的这个操作步骤有限的方法中,有一部分就是布拉姆斯方法对一般n的推广.但仅就这一部分来说,一开始要把蛋糕分为$2^{n-2}+1$块,加上其他的操作,总的操作步骤还要多.这种操作步骤随n呈指数式增长的操作过程在算法理论中被认为是"坏算法",因此数学家还不会满意,寻找一个好算法,或证明不存在好算法,将是数学家的下一个目标.但有一个坏算法总比没有算法好,而且它至少可以让我们在解决现实的分配问题时有所启迪.例如,泰勒—布拉姆斯方法的思想在社会生活中已有一些具体的应用.

最后要提到的是,本文讲到的方法都是基于对策论思想的方法,事实上还有从其他角度对"分蛋糕"问题进行思考的方法,如所谓"移刀法"(moving-knife solution).这里也就不详述了.

参考资料

[1] S. J. Brams, A. D. Taylor. The American Mathematical Monthly, 1995, 1:9.
[2] W. Hively. Discover, 1995, 3:49.

从哈代的出租车号码到椭圆曲线公钥密码*

一、1 729:令人不可思议

在现代数学史上,英国数学家哈代(G. H. Hardy,1877—1947)对印度数学奇才拉马努金(S. A. Ramanujan,1887—1920)的发现和扶携,以及他们之间的友谊,可说是一段脍炙人口的佳话.关于这两位彪炳史册的数学家,人们往往喜欢提到这样一个真实的故事.

有一次,哈代去医院看望生病的拉马努金,见面后,哈代没话找话地说:"我来时乘的出租车号码是1 729,这是个枯燥无聊的数字,但愿它不会给你带来什么坏兆头."谁知拉马努金不假思索地答道:"哪儿的话,这是个很有趣的数字.它是能用两种不同方法表示成立方数之和的正整数中最小的一个."可不是,1 729既可表示成1^3+12^3,又可表示成9^3+10^3,而且比它小的正整数都不能做到这一点.

拉马努金是一位颇具神奇色彩的数学家,然而再神奇,能在事先毫无准备的情况下一眼就看出1 729的这个特征,总让人感到有点不可思议.拉马努金逝世后,人们在他遗留的手稿中发现,原来那一段时间拉马努金正在研究不定方程$X^3+Y^3=Z^3+W^3$,而$X=1,Y=12,Z=9,W=10$正是这个方程的一组最小的正整数解,1 729这个数字也记录在他的手稿中.难

---

* 朱惠霖:《从哈代的出租车号码到椭圆曲线公钥密码》,《科学》1996年第48卷第2期.

怪当时哈代听了拉马努金的回答,十分惊奇地问他能用两种不同方法表示成两个四次方数之和的最小正整数是什么时,拉马努金就回答不上来了.

二、问题的延伸

哈代的提问可说是遵循了数学家最常规、最典型的思路:当一个有趣的问题被解决后,就以最"自然"的方法改变问题的条件,把这个问题延伸到更广的范围,或更高的层次上去思考.事实上,从1729的这个特征出发,至少可以引申出两个方面的问题.

第一个就是哈代所问的,能用两种方法表示成两个四次方数(以及更高次幂)之和的最小正整数是什么.哈代和拉马努金当时都不知道,早在18世纪,欧拉(L. Euler,1707—1783)已经发现
$$635\ 318\ 657 = 59^4 + 158^4 = 133^4 + 134^4$$
就是这样一个数.但是,关于能用不同方法表示成两个五次方数之和的正整数,至今连有没有也不知道.

第二个方面就是探索能用 $N(N \geqslant 3)$ 种不同方法表示成两个立方数之和的正整数.这里的一个"一般性"问题是:

对于任意正整数 $N(N \geqslant 3)$,是否总存在正整数 A,它至少能用 N 种不同的方法表示成两立方数之和?

当然,对于具体的 N,可以寻找符合上述条件的最小正整数,而且那两个立方数也不限定为正的,可以是负的.下面列出已经找到的各个最小正整数:

(1) $N = 2$,立方数限定为正
$$1\ 729 = 1^3 + 12^3 = 9^3 + 10^3$$
立方数可正可负
$$91 = 6^3 + (-5)^3 = 3^3 + 4^3$$

(2) $N = 3$,立方数限定为正
$$87\ 539\ 319 = 436^3 + 167^3 = 423^3 + 228^3 = 414^3 + 255^3$$
立方数可正可负
$$4\ 104 = 16^3 + 2^3 = 15^3 + 9^3 = (-12)^3 + 18^3$$

(3) $N = 4$,立方数限定为正
$$6\ 963\ 472\ 309\ 248 = 2\ 421^3 + 19\ 803^3 = 5\ 436^3 + 18\ 948^3 = 10\ 200^3 + 18\ 072^3 = 13\ 322^3 + 16\ 630^3$$
立方数可正可负
$$42\ 549\ 416 = 348^3 + 74^3 = 282^3 + 272^3 = (-2\ 662)^3 + 2\ 664^3 = (-475)^3 + 531^3$$

(4) $N=5$,立方数限定为正,不知道;
立方数可正可负
$$1\,148\,834\,232 = 1\,044^3 + 222^3 = 920^3 + 718^3 =$$
$$846^3 + 816^3 = (-7\,986)^3 + 7\,992^3 =$$
$$(-1\,425)^3 + 1\,593^3$$

(5) $N \geqslant 6$,什么都不知道.

这些结果有的是在几个世纪以前发现的,如 $1\,729$ 并不是拉马努金最早发现的,而是 16 世纪的一位数学家发现的;有的则是近几十年才发现的. 但像这样顺着 N 的增大向上"爬"的做法,不符合现代理论数学研究的要求,因此有意义的还是前面那个"一般性"问题.

最近,美国布朗大学的数学家西尔弗曼(J. H. Silverman)用代数几何中的椭圆曲线理论轻而易举地解决了这个问题,下面予以简单介绍.

三、曲线上的群结构

设方程
$$X^3 + Y^3 = A \tag{1}$$

其中 A 为正整数. 根据问题的要求. 未知数 X 和 Y 应该为整数或正整数,这就是所谓的不定方程. 我们要考察的是:对于某个正整数 A,方程(1)是否能有足够多的整数解或正整数解. 从而能使 A 有足够多的方式表示成两个立方数之和. 作为数学中的一个常用方法,我们先在实数域上考察这个方程. 这样就可在 xy 平面上画出它的曲线(图 1).

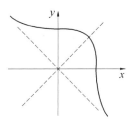

图 1 曲线 $X^3 + Y^3 = A$

这是条关于直线 $X = Y$ 呈对称的曲线,而 $X = -Y$ 是它的渐近线. 曲线上任一点 (X, Y) 对应着方程 $X^3 + Y^3 = A$ 的一个实数解,而且 (Y, X) 也是它的解

现在曲线上任取两个点 $P(X_1, Y_1)$ 和 $Q(X_2, Y_2)$. 设 L 是过这两点的直线(如果 $P = Q$ 为同一点,则设 L 是曲线在这点的切线). 一般来说,只要 L 不同渐近线 $X = -Y$ 平行,它总可以与这条曲线相交(或相切)于一个点 $R(X_3, Y_3)$. L

为切线时,有可能 $P=Q=R$,或可能 $R=P$ 或 $R=Q$. 但这些例外的情况都无关紧要. 我们令 $R(X_3,Y_3)$ 关于直线 $X=Y$ 的对称点 (Y_3,X_3) 为 P "加上" Q 的"和",并直接记为 $P+Q$. 显然,$P+Q$ 也在这条曲线上,就是说,$P+Q$ 也对应着方程(1)的一个解.

聪明的读者也许已经看出,我们这样做是希望从方程(1)的一个解(当 $P=Q$ 时)或两个解(当 $P\neq Q$ 时)引申出它的第三个解. 但是,R 也对应着一个解. 为什么不直接把 R 定义为 $P+Q$ 呢?

一个马上可以体会到的原因是这样做就不能引申出更多的解了. 而更深刻的原因将在下面展示:把 R 的对称点而不是 R 本身定义为 $P+Q$,就可以在曲线上建立起一个美妙的群结构!

要在曲线上建立群结构,首先就要对曲线上所有的点都定义上述那样一个"加法"运算,因此我们还必须对付 L 平行于直线 $X=-Y$ 的情况. 这时,照西尔弗曼的说法,数学家显示出了潇洒的"骑士"风度. 他们在 xy 平面上再增加一个"无穷远点" O —— 凡是与 $X=-Y$ 平行的直线都经过点 O,凡是经过点 O 的直线都与 $X=-Y$ 平行;并定义:$O+O=O$. 这样,我们就对曲线上所有的点以及点 O 都定义了一个"加法"运算.

我们再把 P 关于直线 $X=Y$ 的对称点记为 $-P$. 现在,读者可以自行验证,对于曲线上任意点 P,Q,R,有下面这 4 条性质:

(1) $P+O=O+P=P$;
(2) $P+(-P)=O$;
(3) $P+Q=Q+P$;
(4) $(P+Q)+R=P+(Q+R)$.

熟悉群的基本概念的人都知道,这意味着,曲线上的所有点以及刚才定义的点 O,在上述"加法"运算下构成了一个交换群,也称阿贝尔群. 现在也可以体会到,如果当初在定义曲线上点的"加法"时不是曲里拐弯地把联结 P,Q 的直线 L 与曲线的交点关于 $X=-Y$ 的对称点定义为 $P+Q$,上述第一条和第四条性质就不能成立,也就建立不起一个群. 那么,这个群在我们这里有什么用呢? 何况我们又是在实数域上考虑方程(1),而要求的是方程的整数解或正整数解. 早在 1900 年,庞加莱(J. H. Poincaré,1851—1912)就指出:

如果把方程(1)局限在有理数域上考察,方程(1)的有理数解就仅对应于相应曲线上坐标为有理数的点,称这种点为有理点. 那么,这条曲线上的所有有理点以及"无穷远点" O 在上述"加法"下仍然是一个阿贝尔群.

有了庞加莱的这个结论,我们一下子就从实数域收缩到了有理数域,而有理数域离整数域只有一步之遥了.

四、走完最后一步

请注意,并不是对任意的正整数 A,方程(1)所对应的曲线上都有无穷多个有理点. 例如,当 $A=1$ 时,由著名的费马大定理在 $n=3$ 时的情况可知,曲线 $X^3+Y^3=1$ 上只有两个有理点:$(1,0)$ 和 $(0,1)$. 这两个点以及"无穷远点" O 在上述"加法"下只构成一个有限的阿贝尔群.

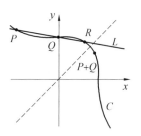

图 2 "加法"运算示意图

为了使方程(1)具有足够多的有理数解,从而我们能进一步得到足够多的整数解和正整数解,也就是说,能使一个正整数能以足够多的方法表示成两个立方数之和,我们必须对 A 做谨慎的选择. 所幸的是,这并不是很难,令 $A=7$ 就可以了. 于是,我们考察方程

$$X^3+Y^3=7 \qquad (2)$$

首先,方程(2)所对应的曲线上至少有一个有理点 $P(2,-1)$. 我们就从这个点出发,去寻找更多的有理点. 记

$$\underbrace{P+P+\cdots+P}_{n\text{个}}=nP$$

于是,在上述群结构的背景下,我们得到一系列有理点

$$P,2P,3P,4P,\cdots \qquad (3)$$

可以证明,对于方程(2),点列(3)中的点是没有重复的. 选其中前 N 个点,并记

$$nP=\left(\frac{a_n}{d_n},\frac{b_n}{d_n}\right)$$

其中 a_n,b_n,d_n 均为整数(如果 nP 的两个有理数坐标的分母不相同,我们总可以用通分的方法把它们统一为 d_n). 再令

$$B=d_1 d_2 \cdots d_N$$

于是,方程

$$X^3+Y^3=7B^3 \qquad (4)$$

至少有 N 个不同的整数解,它们是

$$\left(\frac{a_n B}{d_n},\frac{b_n B}{d_n}\right) \quad (n=1,2,\cdots,N)$$

还可以证明点列(3)中有无穷多个坐标为正有理数的点,在其中任选 N 个,再进行类似的处理,又可以得到一个方程

$$X^3+Y^3=7B_1^3 \qquad (5)$$

它至少有 N 个不同的正整数解.

于是,我们得到如下结果:

对于任意正整数 N,总存在一个正整数 A,它至少可以有 N 种不同的方法表示成两个立方数之和(令 $A=7B^3$)或正立方数之和(令 $A=7B_1^3$).

请注意,上述证明是构造性的,也就是说,对于具体的 N,这个 A 以及它的 N 种(正)立方数之和表示是可以计算出来的,虽然当 N 较大时计算很复杂.

五、椭圆曲线公钥密码

上面用到的方程(1),它所对应的曲线其实是代数几何中的一类曲线——所谓椭圆曲线(不是椭圆)的一个特例.曲线上的那个阿贝尔群,以及庞加莱的有关结论也不是为我们这个立方数之和表示问题而建立的,它们是一般椭圆曲线所共有的性质.西尔弗曼用之来解决这个问题,仅体现了椭圆曲线理论在一个数论问题上的小小应用.西尔弗曼本人也只是把它作为普及性演讲的一个题材,借此让人们领略一下数论和代数几何中的美妙风光.他在演讲中还提到,椭圆曲线理论还在物理学、计算机科学和密码学中有着更实际的应用.我们就来介绍其中的一例——椭圆曲线公钥密码.

椭圆曲线公钥密码是近年来新兴起的一类公钥密码系统,它用到的就是椭圆曲线上的阿贝尔群.这里仅简单介绍一种椭圆曲线公钥密码——迪菲-赫尔曼(Diffie-Hellman)公钥密码的基本原理,作为本文的结束.

假定有 N 个人要建立一个通信联系,他们共同选定一椭圆曲线,并在其上选定一有理点 P,然后每人各定一个正整数 $a_i (i=1,2,\cdots,N)$,各自予以保密,而将 $a_i P$ 算出并公开.如果第 n 个人要向第 m 个人发送一保密信息,他首先将对方公开的 $a_m P$ 重复"加" a_n 次(注意:是这条椭圆曲线上的阿贝尔群中的"加法"),得到 $a_n a_m P$,然后用这个 $a_n a_m P$ 作为"码本".将要发送的信息译成代码发送出去.第 m 个人收到代码后,首先将对方公开的 $a_n P$ 重复"加" a_m 次,得到同样的"码本" $a_m a_n P = a_n a_m P$,然后用它将代码反译成原来的信息进行阅读.其他人纵然知道选定的椭圆曲线和点 P 是什么,而且知道 $a_n P$ 和 $a_m P$,一定时期内也无法得知"码本" $a_n a_m P$ 的内容,从而无法将截获的代码破译出来.这是因为从 $a_i P$ 反算出 a_i 是所谓的离散对数问题,一般是很难的.当然,为了加强安全性,椭圆曲线(一般要求有很多有理点)的定义数域(一般定义在有限域上)和点 P 的选择是很有讲究的.

参考资料

[1] J. H. Silverman. The American Mathematical Monthly, 1993, 100(4):331.
[2] B. C. Berndt, S. Bhargava. The American Mathematical Monthly, 1993, 100(7):644.
[3] 裴定一. 怎样保护信息的安全. 科学, 1995, 47(5):46-49.
[4] 卢开澄. 计算密码学——走向数学丛书. 长沙:湖南教育出版社, 1993.

赌徒的困惑、凯利准则及股票投资[*]

1960年前后，美国拉斯韦加斯的各赌场联合发布禁令，禁止马塞诸塞理工学院的概率论专家索普(E. O. Thorp)进入这些赌场进行娱乐，原因是索普研究并完善了许多如何在二十一点纸牌赌博中取胜的策略，使得这些赌场的庄家们连遭败绩。索普一不做，二不休，干脆于1961年出版了他的著名专著《打败庄家》(*Beat the Dealer*)，系统介绍在许多赌博游戏中取胜的策略及其数学理论。这下，逼得这些赌场的老板们不得不绞尽脑汁，采取多种针对措施，包括修改赌博规则等，予以应付。一位当时并不出名的概率论专家，弄得这些驰名世界的赌场如此狼狈不堪，实在可以说是概率论的一个伟大胜利。

其实，说到概率论与赌博，一个毋庸讳言的事实是：概率论这门近代数学的重要分支，它的早期发展，确实同赌博这种不正当的娱乐活动有着很大的关系。这一事实的一个派生现象是，概率论中的一些经典论题，大多以赌博为题材，著名的有"分赌本问题""赌徒输光问题""彼得堡赌博悖论"等。直到近几十年，这种现象仍时有发生，下面便是一个例子。

一、赌徒的困惑

设有一赌徒与一拥有无穷财富的庄家进行赌博。赌博的形式很简单：赌徒先下一些赌注，然后用掷一枚硬币的方式来决

---

[*] 朱惠霖：《赌徒的困惑、凯利准则及股票投资》，《科学》1996年第48卷第4期。

定输赢.如果掷下来的硬币正面向上,则赌徒赢得与所下赌注同样多的金钱;如果反面向上,则所下赌注全部归庄家所有.或许是庄家为了显示自己的慷慨豁达,这枚硬币的质量分布是不均匀的,它出现正面向上的可能性要比出现反面向上的可能性大一些,因此赌徒赢的机会要多一些.设这样的赌博反复不断地进行下去,问赌徒每次下多少赌注才能使自己赢得尽量多的金钱.

让我们用概率论的知识计算一下.

设赌徒一开始有赌本 X_0,而他第 i 次赌博所下的赌注为 B_i;再设赌徒每次赢的概率为 p,输的概率为 q,则 $p+q=1$,且根据问题的条件,有 $p>\frac{1}{2}>q$. 引进随机变量 T,它取 1 的概率为 p,取 -1 的概率为 q,则赌徒以 B_1 为赌注赌了第一次以后身边所拥有的金钱将变为

$$X_1 = X_0 + TB_1$$

显然,X_1 也是一个随机变量.它的意思是,赌徒将以概率 p 拥有金钱 X_0+B_1,而以概率 q 拥有金钱 X_0-B_1.依此类推,容易得出,当赌徒赌了 n 次以后(如果他能幸运地赌到第 n 次的话),他身边拥有的金钱是一个随机变量 X_n,即

$$X_n = X_0 + \sum_{i=1}^{n} TB_i$$

要使赌徒赢得尽量多的钱,就必须对 X_n 进行优化.但 X_n 是一个随机变量,因此很自然地,我们只能对 X_n 的数学期望(也称均值)EX_n 进行优化.为此,我们计算 EX_n,即

$$EX_n = X_0 + \sum_{i=1}^{n} E(TB_i) = X_0 + ET\sum_{i=1}^{n} B_i$$

显然,$ET=p-q$,故

$$EX_n = X_0 + (p-q)\sum_{i=1}^{n} B_i$$

由上式可见,由于 $p-q>0$,故要使 EX_n 尽可能大,就必须使 B_i 尽可能大.也就是说,赌徒每次都应倾其所有,投作赌注,来个孤注一掷.

然而谁都知道,孤注一掷是一种很冒险的行为.容易计算,在 n 次这样的赌博中,至少出现一次硬币反面向上的概率是 $1-p^n$.因此,无论 p 怎样接近于 1,如果赌徒每次都孤注一掷,则随着赌博的继续进行,赌徒几乎必然会把自己的老本全部输光.孤注一掷的做法显然是不可取的.

现在我们换一个优化目标,即考虑赌徒每次应下多少赌注,才能使自己老本输光的风险减至最小.为简便起见,这里假定赌徒每次都下同样多的赌注,设为 B.于是问题便转化为著名的"赌徒输光问题",也称"一维随机走动问题"(顺便说一下,"随机走动问题"在物理学中被用来作为粒子扩散运动和布朗运动的近似模拟).在我们的假定条件下,有这样一个现成的结论:赌徒输光老本的

概率是 $\left(\dfrac{q}{p}\right)^B$. 因此，为了使自己输光老本的风险尽可能小，赌徒每次必须下尽可能少的赌注，少到赌场所规定的下限，或者少到最小的货币单位. 但这样一来，赌徒可能赢到的钱也少得十分可怜了，这又有悖于赌徒参加赌博的初衷.

于是，我们的这位赌徒感到困惑了：到底该怎么办才好呢？

二、大数定律的解释

我们遇到了概率论中的理论计算同实际行为的效果不相符合的情况. 问题出在哪儿呢？

原来，概率论中的概率和数学期望这些数值，其统计意义必须通过大量的重复实验，才能以频率和平均值的形式体现出来，而且这种体现是由概率论中的各种大数定律所保证的. 例如，前面算得的数学期望（均值）EX_n，固然是体现了赌徒赌 n 次后的"平均"所得，但请注意，这里的"平均"，是指这个赌徒同庄家进行了 m 场的每场 n 次的赌博后，对这 m 场赌博的每场所得所做的"平均". 由辛钦大数定律，假定赌徒每场赌博都采用相同的策略（比方说都采用"孤注一掷"的策略，这是为了保证每场的 X_n 为相同分布的随机变量），则当 m 充分大时，赌徒的实际平均所得同 EX_n 很接近的可能性很大. 这里，当然没有排除其中有那么几场这个赌徒把他所带的赌本输得精光的可能性.

还可以把上面的说法换一下，把"m 场赌博"换成"m 个赌徒"，每个赌徒用相同的策略同庄家进行一场（n 次）赌博. 同样可由辛钦大数定律保证，当 m 充分大时，赌徒们的平均所得同 EX_n 接近的可能性很大. 这里，同样没有排除有那么几个赌徒输得精光的可能性.

但是，对于一个赌徒来说，他一般不会把他的所有可调用财产分成 m 份来同庄家进行 m 场赌博，况且这里还要求 m 充分大，这使得他每场赌博的赌本 X_0 不能很多，所下的赌注 B_i 也不能很大，因此也就不能赢得很多的钱.

另一方面，从"m 个赌徒"参加赌博的角度来看，虽然对于赌徒群体来说，采用"孤注一掷"的策略可使庄家输得很多的可能性很大，但其中个别赌徒仍很可能摆脱不了输光老本的命运.

因此，虽然大数定律对前面的理论计算结果做了很好的解释，但对于一个赌徒应如何在这种赌博中下赌注的问题仍没有找到解决方法.

三、凯利准则

1956 年，凯利（J. L. Kelly）提出了一种能解决上述赌博问题的方法，后人就把这种方法中用到的优化准则称为凯利准则.

凯利准则用于上述赌博问题的基本思路是这样的:

既然"孤注一掷"的策略很有可能导致老本输光,那么每次绝对不能把身边所有的金钱都下做赌注,而只能是它们的一部分. 设这一部分金钱所占的比例为 f,并假定每次赌博这个 f 都固定不变,即总有 $B_i = fX_{i-1}$. 于是

$$X_1 = X_0 + TB_1 = X_0 + TfX_0 = X_0(1+fT)$$
$$X_2 = X_1 + TB_2 = X_1 + TfX_1 = X_1(1+fT) = X_0(1+fT)^2$$
$$\vdots$$
$$X_n = X_0(1+fT)^n$$

凯利准则所选取的优化目标并不是 X_n 的数学期望(如果仍然这样考虑的话,读者将不难得出 $f=1$ 的结论,即仍然是"孤注一掷"的策略),而是这样一个随机变量的数学期望 $E\left(\ln\left(\frac{X_n}{X_0}\right)^{\frac{1}{n}}\right)$,即赌徒金钱的平均增长率的自然对数的数学期望. 设它为 $G(f)$,则不难算出

$$G(f) = p\ln(1+f) + q\ln(1-f)$$

用微分学的方法可知,当 $f=p-q$ 时, $G(f)$ 达到最大值. 也就是说,如果赌徒在每次赌博时均以自己所拥有的金钱的 $p-q$ 倍下注,则他既不冒输光老本的风险,又很可能在某种程度上赢得较多的钱.

这里,如果说考虑金钱的平均增长率还可以让人理解的话,那么再取上一个对数就有点让人难以得知其中奥妙了. 其实,一方面,可以从反面来理解,如果不取对数,则当 n 固定时,平均增长率的数学期望同 X_n 的数学期望同时达到最大,这样就又回到"孤注一掷"的老结论上去了;另一方面,这或许是因为凡涉及人的心理行为,对数函数关系是一个很普遍的规律. 打开任何一本实验心理学教科书,就会发现不少的对数定律,如关于刺激量与感觉量的费希纳(Fechner)对数定律,关于遗忘曲线的对数方程,等等. 在概率论中,也早就有人用随机变量的对数的数学期望代替随机变量本身的数学期望来讨论人对财富的"道德期望"(或许称"精神期望"更为妥帖),如 200 多年前伯努利(Daniel Bernoulli)在解决著名的"彼得堡赌博悖论"时就是如此,虽然这种做法被人斥为"非科学的".

上面的这些解释可能很牵强,故证明凯利准则在数学上的合理性是一个需要解决的问题. 所幸的是,这个问题于 1961 年为布列曼(L. Breiman)所解决. 他证明了按凯利准则得到的策略在概率意义上的某种最优性. 更为有趣的是,索普把凯利准则应用于二十一点纸牌赌博及其他一些赌博游戏,取得很大的成功,并引出了本文开头所述的那一段故事,从而在实践意义上证实凯利准则的有效性.

四、凯利准则与股票投资

虽然概率论常以赌博为模型展开讨论,但它的生命力还是在于对人类各种积极的社会活动和生产活动的应用.本节介绍凯利准则在股票投资对策上的一个应用例子,作为本文的结束.

首先,需要把凯利准则从离散型随机变量拓展到连续型随机变量.同时,我们不再使用赌博的语言,而用"投资"代替"下注",用"盈利率"代替"赢得",虽然它们的社会意义有着本质上的区别.设对于一定数量的投资,盈利率是一个服从一定分布的连续型随机变量,其密度函数为 $p(x)$,则可以证明,凯利准则中的优化目标函数 $G(f)$ 变为 $G(f) = \int_{-\infty}^{+\infty} \ln(1+fx) p(x) \mathrm{d}x$.

现设有一种价格为每股10元的股票,预计它的价格在未来一年中将在3元至20元的范围内波动,也就是说,这种股票的盈利率将会在 -70% 至 100% 的范围内波动.为简便起见,我们假定盈利率服从一定区间内的均匀分布.这样,盈利率的密度函数为

$$p(x) = \begin{cases} 0 & \left(x < -\dfrac{7}{10}\right) \\ \dfrac{10}{17} & \left(-\dfrac{7}{10} \leqslant x \leqslant 1\right) \\ 0 & (x > 1) \end{cases}$$

于是

$$G(f) = \int_{-\frac{7}{10}}^{1} \frac{10}{17} \ln(1+fx) \mathrm{d}x$$

$$G'(f) = \frac{10}{17} \int_{-\frac{7}{10}}^{1} \frac{x \mathrm{d}x}{1+fx} = \frac{1}{f} - \frac{10}{17f^2} \ln\left[\frac{1+f}{1-\frac{7f}{10}}\right]$$

令 $G'(f) = 0$,解得 $f = 0.63$.再仔细考察 $G(f)$ 的凹凸性及边界点情况,可知当 $f = 0.63$ 时,$G(f)$ 确实达到最大.因此,对这种股票的投资策略应是用自己所拥有资金的 63% 来购买这种股票.这样既比较保险,又可在概率统计的意义下获得较多的收益.

这里设盈利率服从均匀分布,所以这是一个很简单的模型,而实际情况要复杂得多.或许设盈利率服从正态分布更合理些,索普和他的同事就是这样做的.最近,他们根据美国股票市场自1959年以来的价格统计数据,按凯利准则,用苹果型电脑进行计算,得出了一些有趣的结论.特别是得到这样的结论:在某些情况下,f 可以大于1.这或许可以为负债经营的可行性做一个概率论上的诠释.

参考资料

[1] L. M. Rotando, E. O. Thorp. The American Mathematical Monthly, 1992, 10:922.

[2] W. Feller. 概率论及其应用(下册). 刘文, 译. 北京: 科学出版社, 1979.

找零钱的数学*

在现代商业社会中,上街购买商品是人们的一项经常性的活动.虽说随着信息技术的迅速发展,信用卡已逐渐为人们所接受,但现金交易看来永远不会废止.就是在信用卡使用相当普遍的国家,人们身边也总要带一些现钱,以购买一些小额商品.说到付现钱购物,便产生了一个找零钱的问题.因为人们总是习惯于付出与商品价格接近的整额钞票,让营业员找零钱.找零钱其实是一件很麻烦的事,商店不但要准备好一定数量的零钱,而且各种面额的都要有一些.营业员在找零钱的时候,不但计算要迅速正确,而且要尽量找给顾客大额整票,因为大多数人都不愿意拿到一大堆硬币或一大把零票.不知你注意到没有,从选定商品准备付钱到银货两讫这一段时间中,找零钱所花的时间占据了相当的比例.据说1991年,平均每个美国人花在找零钱和等待找零钱上的时间为12.3个小时.

一、有序货币系统

这种现象应该说是司空见惯,不足为奇.哪知它却引起了数学家们的兴趣,加拿大西蒙·弗雷泽大学的琼斯(J. D. Jones)就是这样一位.他想,能不能确定一组面额,使得人们在找零钱时,可按照某种算法在具有这些面额的纸币和硬币中选取若干,以凑成一定的零钱数额,而所选纸币的张数加上所

---

* 朱惠霖:《找零钱的数学》,《科学》1996年第48卷第5期.

选硬币的个数为最少?

让我们用数学语言来把这个问题表达得精确些.

设有 n 个从小到大排列的自然数:$d_1,d_2,\cdots,d_n,d_1<d_2<\cdots<d_n$,以它们为面额印制纸币和铸制硬币. 我们说,这些纸币和硬币组成了一个货币系统(currencies). 当营业员要找的零钱数额为 N 时,他(她)就相当于要从这个货币系统中取出 b_1 个 d_1,b_2 个 $d_2,\cdots\cdots,b_n$ 个 d_n,使得

$$b_1d_1+b_2d_2+\cdots+b_nd_n=N$$

我们称这个表达式为零钱 N 的货币组成(payout). 显然

$$b_1+b_2+\cdots+b_n=M$$

就是同这个货币组成相应的货币个数(bulk),即纸币的张数加上硬币的个数,我们的目的就是要使 M 尽量小. 我们知道,这是一个整数规划问题,有一些现成的算法可以采用.

那么,当营业员算出要找的零钱为 N 时,他(她)按照什么方法确定出 b_1, $b_2,\cdots,b_n$ 呢? 事实上,有许多营业员是这样算的:

先取最接近 N 的较大面额钞票若干张(当然其总额不超过 N),不妨设先取 b_n 张面额为 d_n 的钞票,使得

$$b_nd_n\leqslant N<(b_n+1)d_n$$

如果 $N-b_nd_n=0$,则零钱数额 N 已凑成. 如果 $N-b_nd_n>0$,则再取面额相对较小的钞票若干张,不妨设取 b_{n-1} 张面额为 d_{n-1} 的钞票,使得

$$b_{n-1}d_{n-1}\leqslant N-b_nd_n<(b_{n-1}+1)d_{n-1}$$

依此类推,直至零钱数额 N 最终凑成. 这一过程就是组合最优化中的所谓贪心算法(greedy algorithm). 容易明白,要使得最后总能凑成任何的零钱数额 N,必须设 $d_1=1$.

我们知道,贪心算法不一定能得到最优解,于是,我们就在货币系统上打主意. 相应的问题就是:要设计出这样一个货币系统,在这种货币系统下,人们用贪心算法算出的零钱 N 的货币组成,其货币个数 M 不会大于同 N 的其他任何货币组成相应的货币个数. 这种货币系统,琼斯称之为有序货币系统(orderly currencies).

二、一个错误的定理

怎样设计出一个有序货币系统呢? 琼斯证明了这样一个定理:

一个货币系统 $1=d_1<d_2<\cdots<d_n$ 成为有序货币系统的充分必要条件是

$$d_j\geqslant 2d_{j-1}-d_{j-2}\quad (3\leqslant j\leqslant n) \tag{1}$$

这个定理可说是非常漂亮,它看起来简洁实用,按照不等式(1)可以十分方便地设计出无数个有序货币系统.遗憾的是,这个定理是错误的.就在琼斯发表这个定理后不到半年,美国斯沃斯莫尔学院的莫勒(S. B. Maurer)举了两个反例,分别说明不等式(1)不能成为有序货币系统的充分条件和必要条件.

莫勒的第一个例子是:设有货币系统 $1,6,11,17$,显然它满足不等式(1).但是对于零钱 $N=22$,用贪心算法算得它的货币组成是
$$5\times 1+0\times 6+0\times 11+1\times 17=22$$
而相应的货币个数
$$M=5+0+0+1=6$$

一眼就可以看出,22 的另一种货币组成是 $22=2\times 11$,其货币个数为 2. 由于 $2<6$,因此这个货币系统不是有序货币系统,从而不等式(1)不是有序货币系统的充分条件.

莫勒的第二个例子是:设有货币系统 $1,5,10,20,25,40$. 稍稍花一点工夫,便可知这是一个有序货币系统. 然而
$$d_5=25<2\times 20-10=2d_4-d_3$$
即当 $j=5$ 时,不等式(1)不成立. 因此,不等式(1)也不是有序货币系统的必要条件.

笔者查看了琼斯的"证明",发现其错误在于:他不加证明地认为,在贪心算法下,N 越大,M 也越大. 其实不然,如上述货币系统 $1,6,11,17$,用贪心算法,当 $N=22$ 时,$M=6$;而当 $N=23$ 时,$23=17+6$,即 $M=2$.

三、有序货币系统的一个生成方法

琼斯的定理既然是错误的,那么,是否还有其他构造有序货币系统的简便方法呢?退一步说,有序货币系统是否存在呢?其实,早就有人指出,所有首项为 1 的等比数列取其前有限项都可构成一个有序货币系统. 如 $1,5,25,125,625$,等等.

显然,这种有序货币系统中的高面额货币之间差距很大,不便于应用. 但它总算可让我们放心:有序货币系统是存在的. 我们能否利用由少数几种低面额货币组成的有序货币系统,来生成差距较小的有序货币系统呢?

琼斯的定理虽然是错误的,但仍不无启迪,笔者对其稍加修改,找到了生成有序货币系统的一个方法:

设 $d_1,d_2,\cdots,d_m$ 是一个有序货币系统,令
$$d_{m+1}=ud_m-vd_{m-1}$$
其中 u,v 为整数,且 $u\geq 2, v\geq 0, u-v\geq 1$,则

$$d_1, d_2, \cdots, d_m, d_{m+1}$$

也是一个有序货币系统.

如令 $u=2, v=1$,我们可从 1,2 出发,生成有序货币系统 1,2,3,4,5,6,等等. 这是一个最平凡的有序货币系统,但显然又是一个不实用的货币系统.

又如我们可从 1,2,4,8 出发,生成 1,2,4,8,12,16,20,24,28,等等.

我们的人民币面额是 1,2,5,10,50,100(以元为单位),它们组成了一个有序货币系统,这个系统即可用上述方法生成. 莫勒举的第一个例子,1,6,11,17,不是有序货币系统. 根据上面这个方法,只要把 17 改成 16,就可以成为一个有序货币系统.

笔者还顺便得到了有序货币系统的一个必要条件:

设 $d_1, d_2, \cdots, d_{m-1}, d_m, d_{m+1}$ 是一个有序货币系统,则一定有

$$d_{m+1} \geq 2d_m - d_{m-1}$$

这个结论的证明可用反证法,然后对 $N=2d_m$ 用贪心算法,可证得相应的 $M > 2$.

对莫勒举的第二个例子,1,5,10,20,25,40,仅考察其前 5 个面额,其中第 5 个面额 25 不满足上述必要条件,故 1,5,10,20,25 不是一个有序货币系统. 特别是对于 $N=40$,按贪心算法,有 $40=25+10+5, M=3$;但 $40=2\times 20, M=2$.

有趣的是,1,5,10,20,25 不是有序货币系统,但添上 40 后却成了一个有序货币系统. 可见有序货币系统不能全用生成的方法构造出来. 据莫勒说,到目前为止,人们还没有找到一个关于有序货币系统的较好的充分必要条件.

四、其他有序货币系统

事实上,除了贪心算法,营业员还有一种算零钱的方法,就是从你所购商品的价格开始,选取适当面额的货币加上去,最后加到你先前付给他(她)的那张整额钞票的金额. 所有加上去的货币就是要找的零钱. 这种算法的好处是只做加法,不必去做那容易出错的减法,而且往往也给出最少的货币个数. 对于这种算法,应该也有一种有序货币系统. 在这方面研究上,据莫勒说,他已经得到了比较接近现实世界的答案. 遗憾的是,他的成果至今没有发表,使人无法得窥其"庐山真面貌".

上面我们考虑的是货币的个数,对于硬币来说,还可考虑其质量,即考虑这样的有序货币系统,它对于任何零钱数额 N,用一定算法得到的货币组成,其货币质量总是不大于同其他任何货币组成相应的货币质量. 当然,这种问题是十分复杂的.

有些国家的通货膨胀率很高,经常重新发行钞票. 这样,面额 d_i 就不是一

些常数,而是以时间为自变量的函数. 相应地,就有动态的有序货币系统.

有序货币系统还同著名的 NP 完全问题 —— 背包问题(knapsack problem)有着密切的关系.

从普通的找零钱现象出发,可以引申出如此丰富的数学内容,这大概是数学抽象地从而本质地反映着现实世界中的某种统一性的缘故吧.

参考资料

[1] J. D. Jones. The American Mathematical Monthly,1994,101(1):36.
[2] S. B. Maurer. The American Mathematical Monthly,1994,101(5):419.

也谈找零钱的数学*

本刊 1996 年第 5 期上刊登的一篇题为"找零钱的数学"文章[1],讨论了如何设计一套合理的货币系统,来达到用贪心算法找零钱的货币个数 M 为最小的角度解决找零钱难的问题.

其实,就是在当前人民币面额为 1,2,5,10,50,100 元这样一个已经是有序货币系统条件下,仍然存在一个找零钱难的问题. 近几年来,由于经济发展、市场活跃,不论是商店售货或乘车买票等,到处都出现这样的问题. 这就自然会引起许多数学爱好者对这个问题的关注和思索,从而探讨如何从数学的角度来认识和解决这个问题.

一、组合数学中的一一对应方法

组合数学是一个大家所熟悉的古老数学分支. 由于数字集成电路技术的诞生,离散数学在计算机技术、现代数字通信技术中的广泛应用,组合数学重新焕发青春,它的研究和扩展深受人们的重视. 组合数学中的一个行之有效的方法,即所谓的一一对应技术,就是用来剖析找零钱难这个现象并进而探求解决此问题的良方[2,3].

为了能较直观清晰地阐明找零钱的数学本质,下面用两个简单的实际例子来加以讨论.

---

* 靳蕃:《也谈找零钱的数学》,《科学》1997 年第 49 卷第 2 期.

问题1:某商店出售5元一件的商品,有 n 个持5元和 n 个持10元的人排队购买,问大家都能顺利买到商品而不会出现找不开零钱的概率是多少?

显然,在排队次序中,如果先买的人中持5元的多于或至少等于持10元的人数,则可以顺利找开零钱,反之则不可能. 要直接计算出找不开零钱的概率,初看起来似乎难以着手,但是,如果将此问题和图1中递增路径(即限定向右向上行走的路径)对应起来,则问题就易于解决了.

具体的做法是,将图1中横坐标和纵坐标分别定义为持5元和持10元的人数,则不难看出,从点 $A(0,0)$ 到点 $B(n,n)$ 的递增路径数目正好与 n 个持5元者和 n 个持10元者所构成的可能排队次序种类数目相等. 显然这是一个从 $2n$ 中取 n 个的组合数,即

$$N_0 = C_{2n}^n = \frac{(2n)!}{n!\ n!}$$

稍加思考,我们就会进一步认定,先买的人中持5元的不少于持10元人数的可能找开零钱的排队方案数,正好等价于从 A 到 B 但不越过对角线 AB 的递增路径数目 N_1.

于是问题就化为,只要我们能算出从 A 到 B 且越过对角线 AB 的递增路径数 N_2,则由 $N_1 = N_0 - N_2$ 就可以立即算出顺利找开零钱的概率

$$P = \frac{N_1}{N_0} = 1 - \frac{N_2}{N_0}$$

要解决计算 N_2 这个关键的一步,我们就需要应用一一对应的方法了. 实际上,越过对角线 AB 的递增路径,与从点 $A(0,0)$ 到点 $C(n+1,n-1)$ 递增路径间,存在一一对应的关系. 图1中实线表示任意一条从 A 到 B 且越过对角线 AB 的递增路径,虚线则表示和它相对应的一条从 A 到 C 的路径,这条虚线的作法是,在实线与对角线 AB 的第一个交点 D 以前,虚线与实线关于对角线 AB 相对称;在点 D 以后的部分,则虚线简单地平行于实线的后面各段. 显然,虚线是一条从 A 到 $C(n+1,n-1)$ 的递增路径,且这种作法是唯一的.

于是,越过 AB 的递增路径数等于从 $A(0,0)$ 到 $C(n+1,n-1)$ 的递增路径数,即

$$N_2 = C_{(n+1)+(n-1)}^{n-1} = C_{2n}^{n-1}$$

从而易于算出能顺利找开零钱的排队方案的概率为

$$P = 1 - \frac{C_{2n}^{n-1}}{C_{2n}^n} = \frac{1}{n+1}$$

表1列出不同 n 值下的概率 P.

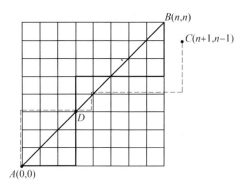

图 1　与找零钱问题等价的递增路径问题(此处 $n=8$)

表 1　不同队长下可找开零钱的概率

n	5	10	15	20	30	40	50
P	0.167	0.091	0.063	0.048	0.032	0.024	0.020

由表中可以看出,在 $n=10$ 即 20 个人排队情况下,能顺利找开零钱的概率不超过 10%. 根据实践的经验,如果商店预先准备些 5 元的零钱,那么就便于找开零钱了.

下面,我们就再来分析一下商店应当准备多少零钱的问题.

二、准备零钱的学问

问题 2:如果商店预先准备了 k 张 5 元的零钱,那么能顺利找开钱的概率又是多少?

经过研究我们发现,这个问题的解法仍和问题 1 相似,唯一的差别是将对角线 AB 向左上方平行移动 k(图 2). 此时,每一条从 A 到 B 且越过新对角线的递增路径,与从 $E(-k,k)$ 按前述方法作到 $C(n+1,n-1)$ 的递增路径一一对应. 不难算出此时的 N_2 为

$$N_2 = C_{2n}^{n-k-1}$$

从而得出顺利找钱的概率为

$$P = 1 - \frac{C_{2n}^{n-k-1}}{C_{2n}^{n}}$$

表 2 中列出了 $n=10$ 的情况下,准备不同零钱数 k 时所可能顺利找开零钱的概率. 可以看出,只要商店预先准备 4 张 5 元零钱,则 20 个人都能顺利买到商品而不被找零钱卡住的概率高达 90% 以上.

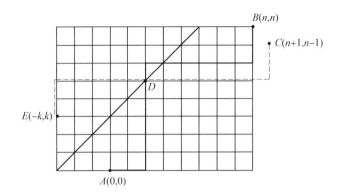

图 2 准备 k 份零钱的等价递增路径问题(此处 $k=3$)

表 2 $n=10$ 和不同零钱数 k 的情况下可找开零钱的概率

k	0	1	2	3	4	5
P	0.091	0.318	0.580	0.790	0.916	0.974

三、有待解决的问题还很多

上面我们所解决的是持 5 元的人数和持 10 元的人数相等下的排队购物找零钱问题.在实际生活中情况要复杂得多.例如:① 持 5 元人数和持 10 元人数不相等;② 持 2 元的人和持 10 元的人混合排队购买 2 元一份的商品;③ 持 1 元、2 元和 5 元的人排队购买 2 元一份或 1 元一份的商品,等等.

在西南交通大学"组合数学与图论"研讨班上,有人曾对上述问题做过一些研究分析,也提出过相应的算法和计算程序,但是还未能得出简明的解析表达式.一般说来,此类问题与某些已知的数学方法(如 0,1 序列规划、多维空间方法及生成函数等)有密切关系,当然也不排斥顿悟出巧妙的新方法,将包括上述一些问题在内的更复杂一些的找零钱问题加以有效的解决,我们把它留给亲爱的读者.

参考资料

[1] 朱惠霖.找零钱的数学.科学,1996,48(5):60.
[2] 靳蕃.组合设计与编码.四川:西南交通大学出版社,1990.
[3] 王元元,王庆瑞,黄纪麟,等.组合数学理论与题解.上海:上海科学技术文献出版社,1989.

墨菲法则趣谈*

一、墨菲法则的缘起

1949年的某一天,历史记下了一件很平常的事.这天,美国空军的一位名叫墨菲(E. A. Murphy)的上尉工程师,在评价一位技术人员时,说了这样一句话:"如果一件事情有可能被弄糟的话,他去做就一定会把它弄糟."墨菲的上司、项目负责人尼科尔斯(G. E. Nichols)觉得这句话很有意思,可以作为一句带有幽默感的格言,用来比喻一个人老是遇上倒霉事,于是他把这句话冠以"墨菲法则"(Murphy's Law)的名称.也许这种语言形式很符合美国人的性格,墨菲法则便流传开来.

现在人们提到墨菲法则,并不是指墨菲当年的原话,而是这样一句格言:"如果某件事情可能有什么坏结果的话,那么这种结果一定会发生."墨菲法则还有许多"版本",除了上面这句话,主要还有:"如果某件事情有可能导致坏结果的话,那么这种结果将在最不该发生的时候发生.""任何计划实施起来,经费总会超过预算,时间总是延长."逻辑机器公司的总裁、ADAM计算机的开发者约翰·皮尔斯(John Peers),于1978年编撰了《1 001种逻辑法则》一书,其中总共收录了13种墨菲法则,说法虽有不同,然要义大抵如是.

墨菲法则虽然起源于美国,但类似的格言在世界许多国家的文化中都可以找到.如英国有所谓"难事法则"(Sod's Law),

---

* 朱惠霖:《墨菲法则趣谈》,《科学》1996年第48卷第6期.

其内容与墨菲法则几乎完全相同,据说起源早于美国;而在我国民间,则有"哪壶不开提哪壶"及"下雨偏逢屋漏"的说法,意思也相近.

二、关于墨菲法则的争议

墨菲法则隐含了对事物发展过分悲观的估计,似不可取.一般事物的发展固然有可能发生坏的结果,但也有可能发生好的结果,凭什么说它一定会发生坏结果呢?确实,在概率论中,对于发生概率较小的事件结果(一般是指坏结果)有"小概率事件重复多次就一定会发生"的论断.但这里有一个前提,就是要在完全相同的情况下重复多次.而实际上,有些事情不能重复多次,完全相同的情况更不可能做到,何况下面我们将看到,墨菲法则涉及的不仅仅是概率论所研究的随机现象.

在现实生活中,人们往往把墨菲法则作为遭坏运时的自我调侃,但真正信奉墨菲法则的也大有人在.

说来有趣,在西方,人们用来佐证墨菲法则的典型实例竟然是奶油吐司.我们知道,吐司就是烤面包片,西方人喜欢在烤面包片的一面涂上奶油之类的作料食用.在用餐时,孩子们常常不小心把盛奶油吐司的盘子碰翻,甚至把奶油吐司碰落到地上.如果是不涂奶油的一面着地,只需把弄脏的烤面包片切去一些即可;如果是涂有奶油的一面着地,事情可就糟了,不但好吃的奶油损失殆尽,而且地上也一塌糊涂.在现实生活中,有不少人发觉:在绝大多数情况下,都是涂有奶油的一面着地.用墨菲法则的说法,就是"如果奶油吐司掉在地上有可能是奶油面着地的话,那么奶油面一定会着地".

这可让墨菲法则的反对者感到有点不可思议,因为从力学的角度看,奶油的比重比烤面包片的小,涂上奶油后,奶油吐司的重心应稍稍偏向不涂奶油的一面,何况奶油层又极薄,部分奶油又渗进了烤面包片,不会对其重心位置产生有效的影响.按照概率论的观点,奶油吐司两面中哪一面着地是一个随机现象,其可能性各占一半,就像抛掷硬币落地后其正面向上和反面向上的概率都是 $\frac{1}{2}$ 一样.但是,为什么有那么多人众口一词地认为奶油面着地的可能性要大许多呢?

于是,心理学家出来说话了.他们认为,这是人类所谓选择性记忆的心理效应所致.选择性记忆是指,人们往往对于事情的某一方面结果有着深刻的印象,而对另一方面的结果则淡而忘之.由于奶油面着地的结果令人不堪收拾,给人的印象较深,因此人们误以为这一结果是经常发生的.

为了验证心理学家的说法,也为了给关于墨菲法则的争议一个了断,在

1991年,英国广播公司(BBC)特地在其电视节目中安排了一次公开实验:把一种奶油面包在各种情况下抛向空中达 300 次,然后统计落地后的结果.实验数据表明,面包落地时其上下两面着地的频率分别与 $\frac{1}{2}$ 没有统计学意义上的差别.这样一来,墨菲法则的支持者似乎应该偃旗息鼓了.

然而,到了 1995 年,一位科学工作者站了出来,声称上述实验"有问题",墨菲法则的"奶油吐司例证"是正确的,也就是说,奶油吐司从餐桌上掉下来时,确实是奶油面着地的可能性要大得多.提出上述异议的,就是英国阿斯顿大学应用数学和计算机科学系的罗伯特·马修斯(Robert Matthews).

三、墨菲法则的奶油吐司例证

马修斯认为,奶油吐司从餐桌上掉下来到落地的过程是一个几乎确定的动力学过程,而不是一个随机过程.他为这一过程建立了一个力学模型,如图1.

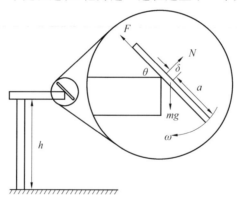

图 1　奶油吐司落地的力学模型

设奶油吐司是一个边长为 $2a$ 的质量均匀的正方形刚体薄片,其质量为 m.由于某种原因,它的重心伸出了餐桌边缘,同餐桌边缘的距离为 δ,于是,它开始倾斜.设餐桌的高为 h,倾斜角度为 θ.再设奶油吐司与餐桌边缘的摩擦力为 F,餐桌边缘对奶油吐司的反作用力为 N,奶油吐司绕它与餐桌边缘接触处旋转的角速度为 ω.由此,我们可建立这个模型的动力学方程组:

考虑垂直于薄片的方向,有

$$m\delta \frac{d\omega}{dt} = N - mg\cos\theta \tag{1}$$

考虑平行于薄片的方向,有

$$m\delta\omega^2 = F - mg\sin\theta \tag{2}$$

考虑力矩和角动量,有

$$m\left(\frac{a^2}{3}+\delta^2\right)\frac{\mathrm{d}\omega}{\mathrm{d}t}=-mg\delta\cos\theta \tag{3}$$

从方程(3)出发,可以求得 ω,δ,θ 间的关系

$$\omega^2=\frac{6g\eta\sin\theta}{a(1+3\eta^2)} \tag{4}$$

其中 $\eta=\dfrac{\delta}{a}$.

奶油吐司倾斜到一定角度,便向下滑落,使 δ 稍有增加.当 δ 增加到临界距离 δ_0 时,它脱离餐桌,落向地面.设它脱离餐桌瞬间的临界角速度为 ω_0,临界倾斜角为 θ_0,马修斯论证了 ω_0,θ_0 和 $\eta_0=\dfrac{\delta_0}{a}$ 仍然满足方程(4).

于是,奶油吐司以角速度 ω_0 翻滚着向下跌落.要使奶油吐司在落地时奶油面朝上,就必须有足够的时间让奶油吐司在空中翻个跟头(这里,合理地假定奶油吐司本来在餐桌上就是奶油面朝上的).具体地说,就是要求

$$\theta_0+\omega_0 t>\frac{3\pi}{2} \tag{5}$$

其中 t 就是奶油吐司在空中的时间.容易知道

$$t=\sqrt{\frac{2(h-2a)}{g}} \tag{6}$$

根据这些条件,马修斯算出,保证奶油吐司在落地时奶油面朝上的条件为

$$\eta_0>\frac{1-\sqrt{1-12\alpha^2}}{6\alpha} \tag{7}$$

其中 $\alpha=\dfrac{\pi^2}{12(R-2)}$,$R=\dfrac{h}{a}$.

用一般餐桌的高度 $h=75(\mathrm{cm})$ 和奶油吐司的尺寸 $a=5(\mathrm{cm})$ 代入,得到

$$\eta_0>0.06 \tag{8}$$

马修斯用实验方法测得奶油吐司的 η_0 约为 0.015,不能满足这个条件,因此奶油吐司落地时几乎必然是奶油面朝下,劫数难逃.

上面这个模型没有考虑奶油吐司下落时可能还有一个水平速度的情况,而实际上奶油吐司很可能是受到水平方向上的碰撞才从餐桌上掉下来的.因此马修斯对有水平速度的情况做了考察,他的结论是:只有当奶油吐司脱离餐桌的水平速度大于 $1.6~\mathrm{m/s}$ 时,它才因没能转过足够大的角度 θ_0 和没能被加速到足够大的角速度 ω_0 而仍然保持着奶油面朝上的姿态"飞"出去,落到地上.我们知道,无意的碰撞一般是达不到这么大的水平速度的.

更为有趣的是,马修斯还利用人类学的研究成果,以聚合物材料的圆柱体模拟人体,计算出人或类人两足动物的身高不能超过 $3~\mathrm{m}$,否则当不慎跌倒时,头部所受到的冲击足以使脑壳破裂,导致死亡.而且这一结论与地球上的重力

加速度 g 无关,即它适用于生活在宇宙间任何星球上的任何两足动物. 由此可知,人类或任何智能型的两足动物所用的桌子不会超过 1.5 m. 用 $h=1.5(\mathrm{m})$ 代入式(7),可得 $\eta_0 > 0.029$,奶油吐司从上面落地仍然是奶油面朝下,看来真是无可救药了.

说是无可救药,马修斯倒开了个"药方",就是看到奶油吐司向桌边滑去,落地已是不可避免的时候,索性猛击一掌,将它击飞,这样着地时倒能使吐司奶油面朝上,减少损失. 不过这看上去有点纸上谈兵,谁又真会这样做呢?

四、墨菲法则的袜子例证

马修斯真是墨菲法则的一位忠实信徒. 他用力学模型完成了奶油吐司例证后,最近又发表了墨菲法则的另一个例证——袜子例证,这次用的是组合数学模型.

我们知道,像袜子这样的小物件是很容易丢失的. 一般一个人总有好几双袜子,而且它们的花色也各不相同. 因此一双袜子丢了一只,另一只就不能同其他的袜子配对,只好扔在抽屉里再说. 如果不幸又丢了一只,会不会丢的就是那只本来就没有用的袜子呢?这种可能性当然很小. 一般地说,假定一个人有 n 双($2n$ 只)花色不同的袜子,如果粗心大意丢掉了 $2s$ 只,并假定这种丢失是随机的,即每只袜子被丢失的可能性完全一样,那么,这 $2s$ 只袜子能配成 k 双袜子的概率是多少呢?

设这个概率为 $P(k,s,n)$,通过一些组合数学的分析,可以得到

$$P(k,s,n) = \frac{\binom{n}{k}\binom{n-k}{2s-2k}}{\binom{2n}{2s}} \cdot 2^{2(s-k)} = \frac{n!\,(2s)!\,(2n-2s)!\,2^{2(s-k)}}{k!\,(2n)!\,(2s-2k)!\,(n-2s+k)!}$$

(9)

从这个式子看不出什么端倪,还是用具体数字来体会. 假定一个人有 10 双袜子,不慎丢失了 6 只,那么这 6 只袜子都不能配成双的概率 $P(0,6,10) \approx \frac{1}{3}$,而它们能配成 3 双袜子的概率 $P(3,6,10) \approx \frac{1}{323}$.

丢失的 6 只袜子不能配成双,说明原来的 10 双袜子中有 6 双遭到了破坏,只剩下 4 双袜子可用,这是一个最坏的结果. 这 6 只袜子能配成 3 双,说明未丢失的 14 只袜子可配成 7 双,乃不幸中之大幸,是一个最好的结果. 上面的数据说明,坏结果的发生概率竟是好结果的 100 多倍,可见墨菲法则之威力.

基于式(9),马修斯还得到了以下一些结果.

设 n 双袜子丢失了 $2s$ 只后,剩下的袜子中还有 d 双袜子的概率为 $P(d,s,n)$,则用 $d=n-2s+k$ 代入式(9)即可得到 $P(d,s,n)$ 的计算式. 由此,便可得 d 的最大似然估计 $\langle d(n,s)\rangle$,即剩下的袜子中还有 $\langle d(n,s)\rangle$ 双袜子的可能性最大.

$$\langle d(n,s)\rangle = (n-2s) + \mathrm{int}\left[\frac{(2s+1)(s+1)}{2n+3}\right] \qquad (10)$$

其中 $\mathrm{int}(\cdot)$ 表示取整数部分.

还是让我们用具体数字来体会. 如果 10 双袜子丢失了 6 只,那么最有可能发生的结果是只剩下 5 双袜子. 一般地说,如果 n 双袜子丢失了 n 只,那最有可能的情况是只剩下 $\mathrm{int}\left(\dfrac{n}{4}\right)$ 双袜子,这都是一些不好的结果. 用墨菲法则的话来说就是:"如果丢失的袜子有可能造成单只袜子的话,那么就会造成尽量多的单只袜子."

马修斯提出的对付方法也很有趣,就是只买两种花色的袜子. 读者可以自己计算,在这种情况下,造成单只袜子的概率将大大减小(只用一种花色的袜子当然更有效,不过这未免太单调了,不足以从数学上说明问题).

五、墨菲法则的积极意义

墨菲法则在奶油吐司掉地和丢失袜子这两个实例中得到了证实,但稍有科学常识的人都知道,个别的特殊情况不能代表一般的普遍情况,墨菲法则的一般有效性仍大可商榷. 事实上,或许人们一开始就误解了墨菲法则. 墨菲法则并不是对客观事物的一种描述,而是一种主观上的告诫.

客观事物的发展过程有各种类型,有像奶油吐司落地那样的比较确定的过程,也有像袜子丢失那样的比较随机的过程. 而现实情况是,有许多过程我们尚不明究竟,只好作为随机性过程处理,但对这种过程的各种可能结果的发生概率是无法从理论上予以事先判定的,用调查统计的方法也有局限,有时不但要花大量人力物力,而且对于坏结果的统计要造成一定的损失. 于是人们往往根据经验予以估计. 显然,这种估计是不可靠的. 在这样的情况下,人们该怎么办呢?于是墨菲法则告诫我们:宁可多考虑一些坏结果,把困难想得多一些,防患于未然,也绝对不要存侥幸心理. 这就是墨菲法则的积极意义所在.

事实上,在科学和生产的许多领域,特别是在坏情况一旦发生,后果将不堪设想的工程设计、药品研制等领域,人们自觉或不自觉地遵从着墨菲法则的告诫,尽量消灭一切坏情况发生的可能性,并取得了一定的成效.

例如,在电器产品设计领域,对于那些用干电池供电的电器,过去只是一再提醒用户不要把电池装反,但是根据墨菲法则,总有人把电池装反,造成器件损坏.现在一般在电器中都设置了保护电路,即使电池装反,也无大碍了.又如,在电子产品中,有大量的接插口,一旦接错插反,后果十分严重,但也总是有人搞错.现在人们对各种接插件的形状进行了精心设计,并制定了有关标准,使得有意要搞错也不可能.此外,计算机技术中的纠错技术和容错技术,也可说是有意无意地听从了墨菲法则的结果.难怪有人说:"电子计算机是墨菲法则的产物."

参考资料

[1] R. A. J. Matthews. European Journal of Physics, 1995, 16:172.
[2] R. Matthews. Mathematics Today, 1996, 3/4:39.
[3] J. Peers. 1 001 Logical Laws. Fawcett Gold Medal, 1992.

幻方中的通灵宝玉

一、天竺奇观

"加强"是一个重要的字眼,它散布于文明的各个角落,例如强力水源,加固碉堡,军事术语里头有加强连,加强营,独立旅;语言学里有加重语气;即使在数学本身的范围里,有了"大数定律",还得有"强大数定律".本文所要讲的"幻方",与普通幻方相比,是"魔性"(magic property)大大加强的幻方,以至于国外有人称之为"魔气通天"的幻方,或者叫作彻头彻尾的幻方.

中国和印度是东方文明的两个主要发源地.印度古称天竺,历史上最早见于记载的四阶幻方就是在印度发现的(图1).它刻在卡俱拉霍(Khajuraho)地方的一个碑文上,其年代相当于公元11世纪,大致相当于中国的北宋时代,要比杨辉还早200多年.印度人认为这个幻方是天神的"手笔",传达了上苍的旨意,据说它是由"苦行僧"式的耆那教徒们创造出来的,它的确极不平凡.因为只有在这样的幻方中,对角线才真正取得了与横行、纵列"平起平坐"的资格,所以人们把它称为"完全幻方"(perfect magic square).

7	12	1	14
2	13	8	11
16	3	10	5
9	6	15	4

图1 印度的耆那幻方

---

* 谈祥柏:《幻方中的通灵宝玉》,《科学》1997年第49卷第1期.

二、出土文物

上海浦东号称长江流域经济起飞的"龙头". 前几年在陆家嘴地区(即名震中外的"东方明珠"塔附近),明朝嘉靖年间的陆深古墓中,居然发现了一块元朝时代伊斯兰教信徒所佩戴的玉挂. 所谓"玉挂",就是一种趋吉避凶的"吉祥物",它与《红楼梦》中贾宝玉佩戴的"通灵宝玉",从本质上看是同一类东西.

玉挂的正面刻着:"万物非主,唯有真宰,穆罕默德,为其使者"的阿拉伯文字,表达了教徒们对"真主"(即"上帝")的无比虔诚与崇拜. 玉挂的反面是一个四阶幻方,由 16 个古代阿拉伯数字组成,从 1 到 16,它们和现在常见的字体 1,2,3,4,5,… 完全不一样. 尽管如此,这些数目字还是被"破译"出来了.

这个神奇的四阶幻方(图 2)具有一些极不平常的性质:

(1) 除了任一横行或纵列四个数字之和都相等,任何一条对角线上的四数之和也都等于幻方常数 34. 这里,除了通常所说的主、副两条对角线,还包括了"藕断丝连"的对角线. 例如,$14+12+3+5=34$;$5+9+12+8=34$,等等.

8	11	14	1
13	2	7	12
3	16	9	6
10	5	4	15

图 2　陆深墓中发现的幻方

(2) 任一 2×2 小正方形,其中的四数之和也都等于 34;

(3) 任一 3×3 小正方形,其角上四数之和也都等于 34.

(4) 假如你将这个幻方看成象棋盘来飞"象",那么,不管象从哪一点出发飞到哪一点,这两个点上的数字之和都等于 17(17 是幻方常数 34 的一半,称为"半和",在幻方术语中,它是一个很重要的概念,下文还要提到它).

值得提到的一点是,原来幻方四角上的数字之和,以及幻方中任一 2×4 矩形中四角上的数字之和也等于常数 34,但我们不必把它们另列一条,而只看成是 2×2 方阵的一种特例,原来,8,1,10,15 表面上似乎隔开得极远,实际上,从某种"高观点"看,它们却是"相邻"的.

世界数学科普大师马丁·加德纳曾通过一个"切蛋糕变换"来形象化地说明此事. 为了庆祝"十六岁的花季",把蛋糕做成正方形,分为一样大小的 16 块,现在不论你用刀横切或直切(当然切时不可"转弯"),切过之后再做上下交换或左右对调,所得到的幻方,仍然保持着以上的一切性质. 由此可见,完全幻方的"个性"是极其强烈的,剧烈的变化居然对它不起丝毫作用!

三、不变特性

日本幻方研究家阿部乐方先生指出：凡是幻方中的两个格子里的数加起来等于半和 17 的，就用一根短线连接起来. 这样一来就出现了很美丽的对称模式，称为“特征线图(图 3)”. 在此基础上，他知难而进，又发现了与前人不一样的第三种完全幻方(图 4)，而这三种完全幻方的特征线图是一模一样的.

图 3　完全幻方的特征线图

11	2	7	14
5	16	9	4
10	3	6	15
8	13	12	1

图 4　阿部幻方

至此，完全幻方共有三型，它已全部被发掘出来. 重要业绩，悉数由东方人取得，令西方学者不禁为之汗颜.

四阶幻方总共 880 个，其中完全幻方有 48 个，仅占总数的 5.45%，然而它是最瑰丽、优雅的，对称性最丰富的. 迄今已有黄金、玛瑙、翡翠、碧玉、水晶 …… 多种高贵优质的工艺品被制造出来，作为首饰或吉祥物而畅销不衰.

在此幻方的 16 个元素中，所有的数字都不分轩轾，一视同仁. 通过水平对换或垂直对换，可使任何一个数字占据 4×4 方阵中的任何一个指定方格.

四、一本万利

按照传统的幻方定义，只需有 10 个等和数组(四行四列与两条对角线) 就可以加上“幻方” 的头衔. 在上文已经谈到，完全幻方中，“藕断丝连” 的对角线，以及 2×2，3×3 子方阵中的角上四数之和也都等于幻方常数. 除此之外，还有一些平行四边形、梯形 …… 上的角顶之数也具有此种性质. 这样一来，就引发了一个有趣的计数问题：在完全幻方中，等和数组究竟有多少？

这就涉及组合学上的乘法原理，即特征线的排列组合法，但应当注意扣除

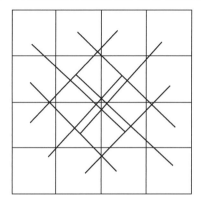

重复计算的部分.由于特征线是成为"象"步交叉的,所以同行、同列及 2×2 子方阵中的四个数字均不能被两条特征线所"覆盖",这些数字必须另外计算.

(1) 行、列等和数组共有 8 个,这是最最基本的;

(2) 2×2 子方阵的等和数组共有 16 个,请注意:最左列与最右列是相邻的,而最上行与最下行也是相邻的;

(3) 对角线均不需特别计算,因为它们都可视为特征线的覆盖;

(4) 特征线共有八条,所构成的等和数组为 C_8^2,即 28 组.

所以完全幻方的等和数组共有 $8+16+28=52$(种).可见,它比传统幻方定义的等和数组几乎净增了 4 倍之多."加强"到如此程度,令人叹为"观止"矣! 我们用"一本万利"来形容,也不能算是太夸大了.

五、孟母三迁

孟子是儒家的第二号人物,仅次于孔子的"亚圣".他之所以能成才,同他母亲的苦心教诲分不开."孟母三迁"的故事,在中国几乎是家喻户晓的,其影响所及,还传播到了日本、朝鲜、蒙古、东南亚等国家.孟母的原先邻居,都有一些相当严重的缺点,所以她才要"迁地为良".反过来说,如果她迁居之后,这些恶邻也如影随形地跟着她一道"动迁""搬家",依旧和她家相邻,那么搬家还有什么意义呢?

上面的说法当然是一种譬喻.然而,有趣的是,在完全幻方中,却有此种"邻居紧跟,挥而不去"的现象.譬如说,不论在耆那方、陆深方或阿部方中,还是在 4×4 方阵中,6 的四个"贴身近邻"都是 3,9,12,15,随便你怎么变化都变不掉的.我国一位研究幻方的老前辈(交通大学教授,现已退休,他有一本幻方专著)已注意到此种现象,但他并未指出此种普适恒定性对所有的成员都是成立的.要而言之,也就是说:

完全幻方中的任何一数均有恒定的四数与它相邻.下面给出一张附表 1:

表 1

元素	相邻元素	元素	相邻元素
1	8,12,14,15	9	4,6,7,16
2	7,11,13,16	10	3,5,8,15
3	6,10,13,16	11	2,5,8,14
4	5,9,14,15	12	1,6,7,13
5	4,10,11,16	13	2,3,8,12
6	3,9,12,15	14	1,4,7,11
7	2,9,12,14	15	1,4,6,10
8	1,10,11,13	16	2,3,5,9

以上所说的"相邻",指的是梅花形(⣿)团块结构.不过,相邻这个概念不仅限于贴身紧靠,也可推广到"马步距离",或其他马氏距离(Mahalanobis Distance).由于篇幅所限,这里我们就不想再进一步展开了.

六、自由程度

"贾不假,白玉为堂金作马,……丰年好大雪,珍珠如土金如铁."看过《红楼梦》的人,对贾、史、王、薛四大家族"一荣俱荣,一损俱损"的关系,总是留下深刻印象.上文说过,完全幻方既然是一个紧密的"抱团"结构,试问,其中还有多少自由程度?

"自由度"是一个极重要的数学概念,尤其是搞概率统计的人,几乎天天要同它打交道.就本题而言,我们只想谈一个最简单的情况:在下列 4×4 方阵中(图5),我们只需知道四个数字(8及其三个近邻),全部完全幻方即可由此推出,它是一种严格的制约关系,一点自由选择的余地都没有了.下面让我们用英文字母的顺序来表达推断的先后(其中有些顺序可以做些调动,但结果仍是一样的).

为了使读者易于理解,让我们略加说明:

$A=11$,这可由"不变邻居"学说定出;

$B=9$,由半和"象步"定出;

$C=16$,同上(也可先选定 C,后定 B).

其他不必一一列举.

D	F	C	B
H	A	G	E
1	8	13	J
I	10	L	K

图 5

七、线性相关与行列式值

自来幻方研究都凭经验摸索而很少使用较先进的现代数学方法.在电脑时代,手工业式的"庄园经济"必须扬弃,唯有这样,才能使幻方研究在组合数学中占有一席之地.

完全幻方可以看作一个四维向量的数组,例如下列 4×4 方阵

$$\begin{bmatrix} 1 & 8 & 13 & 12 \\ 15 & 10 & 3 & 6 \\ 4 & 5 & 16 & 9 \\ 14 & 11 & 2 & 7 \end{bmatrix}$$

即可视为向量组

$$\alpha(1,8,13,12)$$
$$\beta(15,10,3,6)$$
$$\gamma(4,5,16,9)$$
$$\delta(14,11,2,7)$$

并发现它们之间存在着线性相关关系
$$3\beta - 3\delta + \alpha - \gamma = 0$$
通过线性代数中所讲的初等变换,可以算出下列行列式
$$\begin{vmatrix} 1 & 8 & 13 & 12 \\ 15 & 10 & 3 & 6 \\ 4 & 5 & 16 & 9 \\ 14 & 11 & 2 & 7 \end{vmatrix} = \begin{vmatrix} 1 & 8 & 13 & 12 \\ 15 & 10 & 3 & 6 \\ 3 & -3 & 3 & -3 \\ 1 & -1 & 1 & -1 \end{vmatrix} = 0$$

事实上已经证明,所有的四阶完全幻方,其方阵行列式之值都等于零. 应该说,这是四阶完全幻方所具有的一个根本特征.

进一步的计算指出,该四阶矩阵的"秩"等于3.

八、三位一体

基督教认为:上帝、圣母与耶稣是三位一体的. 无独有偶,佛教认为,法身毗卢遮那佛、应身卢舍那佛与报身释迦牟尼佛也是"三位一体"的. 分而为三,本质上是一个.

下面我们将通过一个特殊的"条块变换"(也叫"折转变换")证明三种完全幻方(即耆那方、陆深方与阿部方)也是"三位一体"的,它们可以相互转化.

如图6所示的变换:

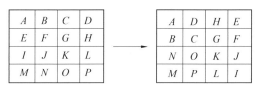

图6

称为条块变换,记作 ∂,为了更加形象化,上述变换亦可以用人们"一看就懂"的图像语言来描述,如图7:

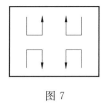

图7

譬如说,耆那方在变换 ∂ 之后,就成为陆深方了,如图 8 所示.

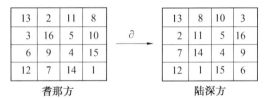

图 8

要补充说明的是,这两个幻方虽不是耆那方与陆深方的原始形式(为尊重历史,原貌不可随便改动),但实际上与它们归属同类,是种换汤不换药的东西.

与此类似,我们可以证明:

陆深方在经过算子 ∂ 作用后,变成了阿部方,而阿部方在经过算子 ∂ 作用后,又变回了耆那方.

这不是活灵活现的"三位一体"吗?

顺便说一句,上文提到的加德纳的"切蛋糕变换"只能在同一类里变来变去.它是"封闭的",好比孙猴子虽有 72 变,始终逃不出如来佛的手掌心!

挂谷问题*

有时,提出一个问题远比解决一个问题重要.一个好的问题,可以吸引很多人去研究,去探讨,从而创造出新的方法,新的理论.

1917年,日本的挂谷(Kakeya)宗一提出了一个十分有趣的问题:

一位武士,在上厕所时遭到敌人袭击,矢石如雨,而他只有一根短棒,为了挡住射击,需要将棒旋转一周(360°).但厕所很小,因此在转动短棒时,应当使短棒扫过的面积尽可能小,面积可以小到多少?

换成更数学化的记法,挂谷问题就是:"如何将长为1的线段转过180°(或360°,这两者并无实质的不同),使这线段扫过的面积最小?"

这个问题立即吸引了众多数学家与数学爱好者的注意. 1925年,当时的数学大家伯克霍夫(G. D. Birkhoff)在他的著作《相对论的源来、性质和影响》中写到一些未解决的问题. 他首先提到四色定理,接着就说:"近几年日本数学家挂谷提出的问题,是同样令人感兴趣的简明问题."

---

* 单墫:《挂谷问题》,《科学》1997年第49卷第4期.

当时，许多人做了尝试(图1). 他们(包括挂谷)认为图1(d)中的面积就是最小的. 但是，他们都猜错了！

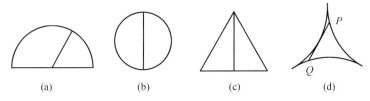

(a)　　　　　(b)　　　　　(c)　　　　　(d)

图1　4种棒旋转180°扫过的不同面积

(a) 棒绕一端旋转半周，扫过的面积为 $\frac{\pi}{2} = 1.57\cdots$

(b) 棒绕其中心转一周，扫过的面积为 $\frac{\pi}{4} = 0.785\cdots$

(c) 棒在正 $\triangle ABC$(高为1, 边长为 $\frac{2}{\sqrt{3}}$) 中. 先在 AB 边上，一端在 A，绕 A 旋转60°至 AC，再将棒平移至以 C 为端点处，再旋转……，最后转过180°，扫过的面积即为 $\triangle ABC$ 的面积 $\frac{1}{\sqrt{3}} = 0.577\cdots$

(d) 挂谷本人所考虑的内摆线(也称圆内旋轮线，即一小圆在大圆边内纯滚动，小圆上一点走过的轨迹)，当小圆、大圆的直径分别为 $\frac{1}{2}$，$\frac{3}{2}$ 时，这曲线内的任一条切线 PQ(即棒)为定值1，棒再按类似(c)的所述方式旋转一周，扫过的这个图形面积为 $\frac{\pi}{8} = 0.392\cdots$

一、意外的结论

1928年，苏联数学家别西科维奇(A. S. Besicovitch)解决了挂谷问题. 他的结论出乎绝大多数人的意料：棒扫过的面积可以任意小(因而没有最小值).

由于当时的历史条件，别西科维奇开始并不知道挂谷问题. 1920年，他在自己研究的领域中提出一个问题："是否存在一个面积(约当测度)为0的平面点集，它在每一方向上都有长度大于或等于1的线段？"

他的问题与挂谷问题十分接近. 两者都要求点集在每个方向上有长度大于或等于1的线段. 所不同的是，挂谷问题中，长度为1的线段可在点集中转过180°，这样的点集称为挂谷集.

别西科维奇称这两个问题为孪生问题. 他解决了自己的问题，即构造了面积为0的平面点集，在每一方向上都有长度大于或等于1的线段. 接着，又运用同样的方法，并借助匈牙利数学家鲍尔(J. Pál)的想法进行"联结"，成功地解决了挂谷问题.这一解答,后来经过佩龙(O. Perron,1928)与舍恩伯格(I. J. Schoenberg,1962)两度简化,已成为数学中的一个经典例子.美国数学会专门将解答过程摄为电影,用于数学教育.我们将在下面介绍这个解答.

二、平移和旋转

我们先来看看怎样以很小的面积,将长为1的线段(棒)从AB移到平行的位置$A'B'$(图2).

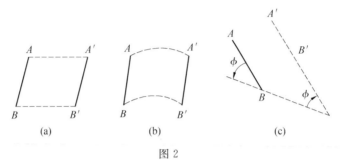

图 2

(a)AB直接沿AA'方向平移,扫过的面积是h(h是A到$A'B'$的距离)

(b)AB沿弧线移到$A'B'$,扫过的面积仍是h

为减少面积,如图2(c),使AB绕B(逆时针)转过一个小角.设这个角为ϕ弧度.沿现在的直线AB将棒移动,直至B在线段$A'B'$的延长线上,再绕点B(顺时针)将棒转过ϕ,棒就落到直线$A'B'$上,再沿这直线移动直至棒与线段$A'B'$重合.

棒扫过的面积是两个扇形,每个面积是$\frac{\phi}{2}$,所以棒扫过的面积是ϕ(如果改绕AB的中点旋转,可将这值减少为$\frac{\phi}{2}$).因此,只要ϕ任意小,棒扫过的面积就可任意小.这一方法属于鲍尔.为简单起见,我们称这一过程为"平移"(不要与通常的平移混淆).

为了将棒转过一个角度θ,我们考虑一个$\triangle ABC$(图3),其中$\angle A=\theta$,$BC=b$,BC边上的高为1.

首先将BC等分为2^m份,分点为$D_1,D_2,\cdots,D_{2^m-1}$,m是一个任取的正整数.为清楚起见,图中用$m=3$来说明.

$\triangle ABC$被$AD_1,AD_2,\cdots$分为$8(=2^m)$个三角形.再作$4(=m+1)$条BC的平行线,两两距离均为$\frac{1}{5}(=\frac{1}{m+2})$,将每个三角形分为$5(=m+2)$层,每层的底的总长分别为$\frac{b}{5},\frac{2b}{5},\frac{3b}{5},\frac{4b}{5},b$(一般情况为$\frac{b}{m+2},\frac{2b}{m+2},\cdots,b$).

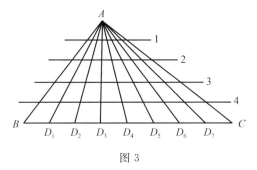

图 3

这8个三角形可分为4组,每相邻两个为一组.将同一组的两个三角形"挤"在一起,使它们的第2层的底重合(图4).这时第一层的底的总长度不变,仍为 $\frac{b}{5}$.而其余每层则少了 $\frac{b}{20}$,即各层总长度变为 $\frac{b}{5}, \frac{b}{5}, \frac{2b}{5}, \frac{3b}{5}, \frac{4b}{5}$.

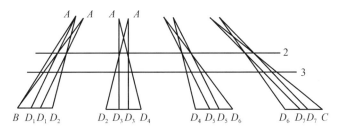

图 4

再将每相邻两组挤在一起,使第3层的底重合(图5).这时各层的总长分别为 $\frac{b}{5}, \frac{b}{5}, \frac{b}{5}, \frac{2b}{5}, \frac{3b}{5}$.

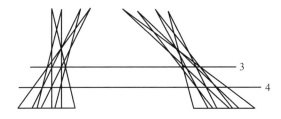

图 5

最后剩下两大组,将它们挤在一起,使第4层的底重合得到图6(一般的 m 可照此处理).

这个过程中的图形称为佩龙树(它长得的确像树),下面我们来计算它的面积.

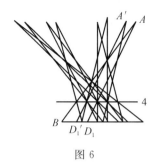

图 6

第一层是 2^m 个三角形,每个高为 $\dfrac{1}{m+2}$,底的总长为 $\dfrac{b}{m+2}$,因此面积为 $\dfrac{1}{2}\times\dfrac{1}{m+2}\times\dfrac{b}{m+2}$.

第二层是 2^{m-1} 个平行四边形,每个高为 $\dfrac{1}{m+2}$,总底长为 $\dfrac{b}{m+2}$,因此面积为 $\dfrac{1}{2}\times\dfrac{1}{m+2}\times\left(\dfrac{b}{m+2}+\dfrac{b}{m+2}\right)$.

依此类推,中间各层都是一些平行四边形,而最后一层是梯形,上底为 $\dfrac{b}{m+2}$,下底为 $\dfrac{2b}{m+2}$,所以佩龙树的面积是

$$\dfrac{1}{2}\times\dfrac{1}{m+2}\times\left[\dfrac{b}{m+2}+\left(\dfrac{b}{m+2}+\dfrac{b}{m+2}\right)\times m+\left(\dfrac{b}{m+2}+\dfrac{2b}{m+2}\right)\right]=$$
$$\dfrac{1}{2}\times\dfrac{1}{m+2}\times\dfrac{2b}{m+2}\times(m+2)=\dfrac{b}{m+2}$$

利用佩龙树,可以使棒转过 θ 弧度,而且扫过的面积很小:首先让棒在 $\triangle ABD_1$ 内由 AB 转到 AD_1,然后平移 AD 至 $A'D_1'$,在 $\triangle A'D_1'D_2$ 中,棒由 $A'D_1'$ 转到 $A'D_2'$,……依此类推,最后转到 AC. 在这过程中,棒除了在佩龙树中,还需要一些上述的平移来"联结",2^m-1 次平移共扫过面积 $(2^m-1)\phi$. 因此,总面积为

$$\dfrac{b}{m+2}+(2^m-1)\phi \tag{1}$$

b 是固定的长(例如 $b=2$),如果取 m 充分大,那么(1)的第一项 $\dfrac{b}{m+2}$ 就可以任意小,取定 m 后,再取 ϕ 充分小,又可使第二项 $(2^m-1)\phi$ 任意小,于是整个和,也就是棒扫过的面积可以任意小.

取定 $\theta=\dfrac{\pi}{2}$(即 $90°$),那么棒可以转过 $\dfrac{\pi}{2}$,扫过的面积任意小,从而棒也可以转过 π(即 $180°$),也就是转过 $\dfrac{\pi}{2}$ 两次,扫过的面积任意小.

三、余味无穷

上节构造的挂谷集是佩龙树与许多扇形,用线段联结在一起(构成一连通图形).佩龙树与扇形的面积都非常之小,中间的空隙相对说来却非常之大,所以这个图形像一件千疮百孔的毛线衣,只剩下一些很小的小片,小片之间只有筋连着,穷相毕露,可怜得很!

这个图形不是凸的(所谓"凸",指图形内任两点的连线也在该图形中). 1921 年,鲍尔证明了如果限于凸的图形,那么图 1(c) 的正三角形就是面积最小的解,此时面积为 $\frac{1}{\sqrt{3}}$.

上节的挂谷集有很多洞,因而不是单连通的. 如果限于单连通的图形,最小面积是多少呢?此外,由于上节构造时需要用平移来联结,而当角 ϕ 很小时,$A'B'$ 与(转过 ϕ 的)AB 在很远的地方才相交,从而整个图形不能限制在一个有界区域中(真是"成也萧何,败也萧何"),不少数学家注意到这些问题,力图改进.

1965 年,沃克(R. J. Walker) 首先找到一个在图 1(d) 内的单连通区域(因而面积比图 1(d) 的 $\frac{\pi}{8}$ 小),它是挂谷集. 同年,舍恩伯格在与坎宁安(F. Cunningham) 合作的一篇文章中,构造出一个单连通的挂谷集(有些想法与沃克相同),其面积为 $\frac{(5-2\sqrt{2})\pi}{24}(<\frac{\pi}{11})$. 舍恩伯格得知在几个月前布洛姆(Melvin Bloom) 也得到同样的结果(但未发表),因此承认后者的优先权. 舍恩伯格猜测这一结果为最佳,但他猜错了.

另一方面,1941 年,阿尔芬(A. H. van Alphen) 消除了无界性,证明可在半径为 $2+\varepsilon$(ε 是任意小的正数) 的圆内做出面积任意小的挂谷集,但这篇文章未受到太多的注意.

1971 年,坎宁安终于在单位圆盘内做出面积可任意小的单连通的挂谷集,完全解决了上述两方面的问题(基本思想与前节相同,并利用了阿尔芬的一些想法).

在数学中,一个老问题的解决往往产生更多的新问题. 挂谷问题就有不少变形与推广,例如:

坎宁安在 1971 年的文章中还证明了如果限于星形(即图形内存在一点,联结它与图形中任何一点的线段整个在图形中),那么挂谷集的面积大于或等于 $\frac{\pi}{108}$.

另一方面,舍恩伯格与布洛姆的结果表明,这样的最小面积小于或等于 $\frac{(5-2\sqrt{2})\pi}{24}$. 但是否有星形的挂谷集,面积在这两个数之间,尚是未知的.

一条半径为1的圆弧,转过180°,扫过的面积能否任意小?1971年,戴维斯(R. O. Davies)证明这是不可能的. 那么,最小面积是多少呢?这方面的结果很少,甚至这条弧移到平行位置,扫过的面积是否以普通的平移为最小,也都没有解决.

挂谷集在每个方向上有一条长为1的线段,这里线段也可以改为其他图形 E,例如 E 是一根"胖针",即长为1而宽为很小的正数 ε 的长方形. 在这些方面的研究也还处于初级阶段.

挂谷集的研究还引导到组合几何中的另一著名问题——细毛虫问题.

真是生也有涯,学也无涯.

问题是有趣的,结果出人意料,解法更是匪夷所思,异想天开.

数学,特别需要这样新颖、独特的想法. 学习数学,所得到的不只是几个冷冰冰的公式或定理,给我们更多启迪的应当是这种不断创新的精神.

参考资料

[1] H. J. van Alphen. Uitbreiding van een Stelling van Besicovitch. Mathematica (Zutphen),1942B,10:144.

[2] A. S. Besicovitch. On Kakeya's problem and a similar one. Math. Zeit.,1928,27:313.

[3] Ibid. The Kakeya problem. Amer. Math. Monthly,1963,70:697.

[4] H. T. Croft,K. J. Falconer,R. K. Guy. Unsolved Problems in Geometry. New York:Springer-Verlag,1991:173

[5] F. Cunningham. The Kakeya problem for simply connected and for star-shaped sets. Amer. Math. Monthly,1971,78:114.

[6] F. Cunningham,I. J. Schoenberg. On the Kakeya Constant. Canad. J. Math.,1965,17:946.

[7] R. O. Davies. Some remarks on the Kakeya problem. Proc. Cambridge Philos. Soc.,1971,69:417.

[8] J. Pál. Ein Minimumproblem für Ovale. Math. Ann.,1921,83:311.

[9] O. Perron. Über Satz von Besicovitch. Math. Zeit.,1928,28:383.

[10] I. J. Schoenberg. On the Besicovitch-Perron solution of the Kakeya problem. Study in Mathematical Analysis,Stanford:Stanford University Press,1962:359.

[11] Ibid. On certain minima related to the Besicovitch-Kakeya problem. Mathematica(Cluj),1962,4(27):145.

[12] R. J. Walker. Addendum to Mr Greenwood's paper. Pi Mu Epsilon J,1952(11):275.

[13] 单墫. 组合几何. 上海：上海教育出版社,1996:98.

十三个球的问题*

1694年,英国牛津的一位天文学家格雷戈里(David Gregory)与他的朋友、大名鼎鼎的牛顿(Isaac Newton),讨论体积不同的星星在天空中如何分布,引出了一个问题:一个单位球能否与13个(互不相交的)单位球相切?牛顿认为不可能,而格雷戈里则猜测:一个单位球能够与13个单位球相切.他们的讨论记录在格雷戈里的一本笔记本中,没有发表,保存在牛津的一所教堂里.

一、问题的等价形式与推广

在单位球A与单位球O相切时,点O到球A的切线形成一个圆锥.这个圆锥含有球面O的一个球冠,切点A_1就是球冠的极(顶点)(图1). A_1与球冠上任一点的球面距离小于或等于$\frac{\pi}{6}$(即30°). $\frac{\pi}{6}$称为这个球冠的半径.

同样,对另一个与球O相切的单位球B,也有一个以切点B_1为极、$\frac{\pi}{6}$为半径的球冠.

于是,格雷戈里的猜测等价于下面的问题:球面上能否有13个半径为$\frac{\pi}{6}$的球冠,互不重叠?

因为$\widehat{A_1B_1} \geq 2 \times \frac{\pi}{6} = \frac{\pi}{3}$,所以$A_1B_1 \geq OA_1 = 1$,即每两个

---

* 单墫:《十三个球的问题》,《科学》1997年第49卷第5期.

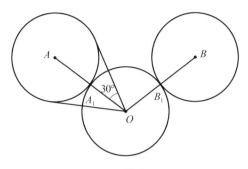

图 1

切点之间的(直线)距离大于或等于 1. 格雷戈里的猜测还可以再换一个等价的说法：

单位球面上能否有 13 个点，每两个点之间的距离大于或等于 1？

另外，问题可以不限于三维空间. 高维的我们后面再谈. 至于在平面上，相应的问题简单得多. 二维的"球"就是圆. 设 $\odot(O,1)$ 是圆心为 O、半径为 1 的圆. 至多有多少个互不重叠的单位圆与 $\odot(O,1)$ 相切？

图 2 表明，可以有 6 个这样的单位圆与 $\odot(O,1)$ 相切，这 6 个圆"挤"得很紧，容易证明，第 7 个圆没有立锥之地.

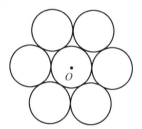

图 2 6 个互不相交的单位圆和 $\odot(O,1)$ 相切

二、$12 \leqslant$ 相切球数 $\leqslant 14$

回到三维空间，不难举出一个例子，说明可以有 12 个单位球与同一个单位球相切. 最简单的例子是将球一层一层地堆起来，最上面 1 个，第 2 层 4 个，第 3 层 9 个，第 4 层 16 个. 那么，在第 3 层核心的那个球既与上一层的 4 个球相切，又与下一层的 4 个球相切，还与同一层的 4 个球相切.

另一个很自然的例子，就是球 O 的内接正二十面体. 它有 12 个顶点，20 个面，每个面为正三角形，不难算出这正二十面体的每条棱长为

$$2\sin\left(\arccos\frac{1}{2\sin\frac{\pi}{5}}\right) = \frac{1}{5}\sqrt{50 - 2\sqrt{125}} = 1.051\,4\cdots > 1$$

即 12 个顶点（它们可以作为切点），两两的距离大于 1.

这 12 个点的距离大于 1，而不是等于 1. 因此，它们还可以挪近一些. 格雷戈里猜测还可以再放进一个点，并不是毫无道理的.

另一方面，我们可以证明与单位球 O 相切、互不重叠的单位球不超过 14 个，也就是在球面 O 上，两两距离大于或等于 1 的点，个数小于或等于 14. 为此，考虑半径为 $\frac{\pi}{6}$ 的球冠. 如图 3，球冠的高 $h = A_1H = 1 - OH = 1 - \frac{\sqrt{3}}{2}$. 所以球冠的面积为 $2\pi h = \pi(2-\sqrt{3})$. 球面积为 4π，所以互不重叠的、半径为 $\frac{\pi}{6}$ 的球冠，其个数小于或等于 $\frac{4\pi}{2\pi h} = 4(2+\sqrt{3}) = 14.928\cdots$. 因此，15 个半径为 $\frac{\pi}{6}$ 的球冠必有重叠.

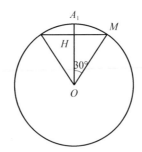

图 3　半径为 $\frac{\pi}{6}$ 的球冠平面图

三、相切球数 ≤ 12

上节的结果有差距，我们还应当进一步证明相切球数不仅小于或等于 13，而且小于或等于 12，即格雷戈里的猜测不成立.

这一证明是困难的. 虽然大多数人倾向于牛顿的观点，认为至多 12 个球与一个单位球相切，但是严格的证明却姗姗来迟，直至将近 260 年以后的 1953 年，才由许特（K. Schütte）与范·德·瓦尔登（B. L. van der Waerden，出生于 1903 年的著名代数学家）给出. 一说在 1874 年霍佩（R. Hoppe）已有证明，但我们未见到原始文献. 1956 年，利奇（John Leech）给出一个较为简单的证明. 为了介绍这一证明的梗概，需要了解一些球面几何的基本知识.

四、球面几何

对球面上每两个点 A,B，过 A,B 与球心 O 作一个平面，这平面与球面的交线是一个圆,半径与球半径相等,称为大圆.

大圆,在球面几何中也称为"直线",与平面上的直线不同,球面上的直线,长度是有界的(即 2π),但是"无涯"的,即没有起点与终点.球面上任意两条直线必有两个公共点,所以球面几何不是欧几里得几何,通常也称它为黎曼几何.

大圆上,联结 A,B 两点的弧有两条,其中较短的一条称为联结 A,B 的"线段",它是在球面上从 A 到 B 的最短途径(这也正是我们称大圆为直线的一个原因).

不过球心的平面,与球面相交得到的圆,半径小于球半径,称为小圆或简称为圆.

对球面上任意三点 A,B,C,将每两点用"线段"(大圆弧)联结起来,组成球面三角形,其边长即线段(大圆弧)的长,与平面几何类似,通常记为 a,b,c,球面三角形的角,例如,$\angle A$ 是平面 OAB 与平面 OAC 所成的二面角.球面三角形与平面三角形有不少类似之处(如三角形全等的定理),但也有很多的不同:

球面三角形的三个角的和一定大于 π,即差 $\angle E = \angle A + \angle B + \angle C - \pi$ 是一个正数.$\angle E$ 称为角盈,对于单位球,它正好是球面 $\triangle ABC$ 的面积.

球面三角形有以下基本公式:

(1) 正弦定理:$\dfrac{\sin a}{\sin A} = \dfrac{\sin b}{\sin B} = \dfrac{\sin c}{\sin C}$;

(2) 余弦定理:$\cos a = \cos b \cos c + \sin b \sin c \cos A$;

(3) 面积公式:$\tan \dfrac{E}{4} = \sqrt{\tan \dfrac{s}{2} \tan \dfrac{s-a}{2} \tan \dfrac{s-b}{2} \tan \dfrac{s-c}{2}}$,其中 $s = \dfrac{a+b+c}{2}$.

有了这些公式,便可以进行球面几何的计算,例如:

例 1 设球面三角形的边长为 $\dfrac{\pi}{3}$,$\arccos \dfrac{1}{7}$,$\dfrac{\pi}{3}$,则由(2)可以算出它的角为 $\dfrac{\pi}{3}$,$\arccos\left(-\dfrac{1}{7}\right)$,$\dfrac{\pi}{3}$.

例 2 边长为 $\dfrac{\pi}{3}$ 的正三角形,由(2)可算出角为 $\arccos \dfrac{1}{3}$,面积为 $3\arccos \dfrac{1}{3} - \pi = 0.55128\cdots$.

例 3 边长均为 $\dfrac{\pi}{3}$、角均为 $\arccos\left(-\dfrac{1}{3}\right)$ 的正四边形,它的对角线互相垂直平分,长均为 $\dfrac{\pi}{2}$.

例 4 边长均为 $\dfrac{\pi}{3}$,一条对角线长为 $\arccos \dfrac{1}{7}$ 的四边形,它被这条对角线分为两个全等的三角形,如例 1 所示,所以它的面积是

$$2\left(\arccos\left(-\dfrac{1}{7}\right) + \dfrac{2\pi}{3} - \pi\right) = 1.334\cdots$$

例 5 边长均为 $\dfrac{\pi}{3}$，自某顶点引出的两条对角线均为 $\arccos\dfrac{1}{7}$，这种五边形的面积为

$$1.334\cdots + \left(\arccos\dfrac{47}{96} + 2\arccos\dfrac{1}{12} - \pi\right) =$$

$$1.334\cdots + 0.892\cdots = 2.226\cdots$$

五、证明梗概

假设单位球面上有 13 个点，两两的距离（本节距离均指球面距离）大于或等于 $\dfrac{\pi}{3}$.

如果其中某两个点的距离小于 $\arccos\dfrac{1}{7}$（$\approx 1.427\,4\cdots$），就用一条线段将它们联结起来. 这样，13 个点与它们之间的一些连线形成球面上的一个网络.

如果有一个点与其他 12 个点的距离均大于或等于 $\arccos\dfrac{1}{7}$，那么可以移动这个点，使它至少与一个点的距离小于 $\arccos\dfrac{1}{7}$，同时与其他点的距离仍大于或等于 $\dfrac{\pi}{3}$. 于是没有孤立点，即每一个点至少与其他一点相连. 采用同样手法，可以假定每点至少与其他两点相连.

自同一点引出的两条线 AB, AC，当 $\triangle ABC$ 成例 1 中的三角形时，$\angle A$ 取得下确界 $\dfrac{\pi}{3}$，此时 AB, AC 一为 $\dfrac{\pi}{3}$，另一为 $\arccos\dfrac{1}{7}$，于是恒有 $\angle BAC > \dfrac{\pi}{3}$，由于点 A 处的周角为 2π，故从点 A 引出的线小于 $\dfrac{2\pi}{\dfrac{\pi}{3}} = 6$ 条，即每一点至多引出 5 条线.

利用余弦定理还可以证明，在上述网络中，每两条线除端点以外没有公共点. 因此对于它，有欧拉定理 $v - e + f = 2$，其中 $v = 13$ 是点数，e 是线的条数，$f = f_3 + f_4 + f_5 + \cdots$ 是面数，$f_3, f_4, f_5, \cdots$ 分别表示三角形、四边形、五边形…… 的个数，又易知 $2e = 3f_3 + 4f_4 + 5f_5 + \cdots$，所以 $2v - 4 = 2(e - f) = f_3 + 2f_4 + 3f_5 + \cdots$.

网络中，三角形的面积以例 2 的正三角形为最小，四边形的面积以例 4 的为最小，五边形的以例 5 的为最小. n（$n \geqslant 5$）边形可化作 $n - 2$ 个三角形，其中 $n - 3$ 个的面积至少是例 2 所说的面积，剩下的一个至少是例 5 里两条对角线与一边所围的 $0.892\cdots$，因此有

$4\pi =$ 网络总面积 $\geqslant$

$0.551\,28\cdots \times f_3 + 1.334\cdots \times f_4 + 2.226\cdots \times f_5 + \cdots =$

$0.551\,28\cdots \times (f_3 + 2f_4 + 3f_5 + \cdots) + 0.231\cdots \times f_4 + 0.572\cdots \times (f_5 + \cdots) =$

$0.551\,28\cdots \times (2v-4) + 0.231\cdots \times f_4 + 0.572\cdots \times (f_5 + \cdots)$

因为 $2v-4=22$,所以由上式得

$$0.438 \geqslant 0.231\cdots f_4 + 0.572\cdots \times (f_5 + \cdots)$$

从而 $f_5 = f_6 = \cdots = 0, f_4 = 0$ 或 1.

如果 $f_4 = 0$,那么 $f_3 = f = \dfrac{2e}{3}$,结合欧拉定理得 $13 - e + \dfrac{2e}{3} = 2, e = 33$. 平均每点引出 $\dfrac{2e}{v} = \dfrac{66}{13} > 5$ 条线,与上面所述每点至多引5条线矛盾. 因此 $f_4 = 1$. 由 $13 - e + f_3 + 1 = 2$ 及 $2e = 3f_3 + 4$ 解得 $f_3 = 20, e = 32$. 由于 13 个点所引线数之和为 $2e = 64$,每点至多引出 5 条线,所以必有一个点引出 4 条线,其余 12 个点各引出 5 条线.

这样的网络(13 个点,1 点引 4 条线,其他每点各引 5 条线,组成 1 个四边形,20 个三角形)如果存在,应当能在球面或平面上画出来. 我们先画一个四边形,将其余的 9 个点均装在这个四边形内(在球面上,这个四边形的"外面"才是球面四边形). 这里长度、角度都无关紧要,只需注意点与线的从属关系及各面都是三角形.

如果四边形的四个顶点都引出 5 条线,由于同一点引出的两条相邻的线必须构成三角形,所以如图 4 产生出一个八边形 $ABCDEFGH$. 不妨设除 G, H 外,其余每点均引出 5 条线,这样就至少再产生 P, Q, R 三个点,得出矛盾. 如果四边形有一个顶点只引出 4 条线,那么其余的点均引出 5 条线. 如图 5 产生一个七边形 $ABCDEFG$,进而又产生三个点 P, Q, R,总点数仍超过 13.

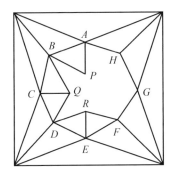

图 4

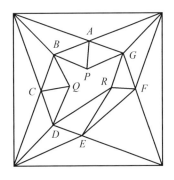

图 5

于是,所述的网络不存在,从而格雷戈里的猜测不成立.

六、有关问题

与 13 个球的问题有关联的问题甚多.

首先是生物学家塔莫斯(Tammes)在1930年提出的问题:在单位球上放 n 个半径均为 a_n 的球冠,互不重叠,a_n 的最大值是多少?这个问题到目前为止只知道 $n \leqslant 12$ 与 $n=24$ 的答案.其中 $n=12$ 的答案就是 12 个球冠的极构造正 20 面体的 12 个顶点,从而 $2\sin a_n$ 就是前面所算的棱长 $1.0514\cdots$,$a_n \approx \dfrac{63°26'}{2}$.

其次是球的装箱问题,这个著名问题我们将另撰文介绍.

还有高维的推广,例如在四维空间中,类似的相切个数已经知道是 24 或 25,但究竟是哪一个却还不能确定.当 $d>3$ 时,在 d 维空间中,能确定的现在只有两种,即 $d=8$,相切个数为 240;$d=24$,相切个数为 196 560(这一结果也是利奇获得的).

参考资料

[1] L. Fejes Toth. On the number of equal discs that can touch another of the same kind. Studia Sci. Math. Hungar. ,1967,2:363.

[2] J. Leech. The problem of the thirteen spheres. Math. Gaz. ,1956,40:22.

[3] Ibid. Some sphere packings in higher space. Canadian J. Math. ,1964,16:657.

[4] K. Schütte,B. L. van der Waerden. Das Problem der dreizehn Kugeln. Math. Ann. ,1953,125:325.

[5] M. Gardner. Mathematical circus. New York:Vantage Books,1992:35;264.

[6] H. T. Croft,K. J. Falconer,R. K. Guy. Unsolved problems in geometry. New York:Springer-Verlag,1991:114;121.

博弈与超现实数*

有一个《我不见了》的中国古代趣味故事[1],说的是一呆役解罪僧赴府,临行恐忘记事物,细加查点,又自己编成两句曰:"包裹、雨伞、锁;文书、和尚、我."途中步步背熟这两句.僧知其呆,便设计用酒灌醉,剃光其发,以大枷套之,潜逃而去.差役酒醒曰:"且待我查一查,包裹、雨伞,有."摸摸头颈上曰:"枷锁,有."摸摸怀中,曰:"文书,有."忽惊叫:"哎呀,和尚不见了."顷之,摸自己光头曰:"喜得和尚还在,我却不见了."

看来这个傻瓜差役,不但敌我不分,而且连自然数的清点都不会,以致自己到底有几样东西,也算得稀里糊涂.

一、从 0 数起

莫笑这位公差笨拙,当代大数学家、波兰人谢尔品斯基(W. Sierpinski)与公差倒也有异曲同工之妙[2].别人看他傻乎乎,清点起随身行李来,总是从零开始."零、一、二、三、四、五,所以这里一共有六件行李."但是,且慢笑他傻,谁要是偷他行李,他是立即能够觉察的.因为他的逻辑非常清楚,在集合以外的最小正整数就是行李的总数.只不过是起点不同:一般人是从 1 开始,他却是从 0 数起.

这种点数法对谢尔品斯基来说已经是根深蒂固.不光是出门旅行清点随身行李,还是领工资、送礼,甚至路上有几根电线

---

* 谈祥柏:《博弈与超现实数》,《科学》1998 年第 50 卷第 4 期.

木头,他都是照此行事,倒也从未出现过任何差错.说到底,现在大家各执一词、吵得很凶的问题,即"21 世纪的第一年是 2000 年还是 2001 年",本质上与它如出一辙.

另一个例子是关于数学归纳法[3]的.众所周知,中学里所学数学归纳法的内容一般都属于最普通不过的,要而言之,就是所谓 $n=1,k$ 及 $k+1$ 的"三部曲"模式.

然而,数学归纳法中的证明题,并不是"三部曲"可以完全一手遮天的.下面让我们随便举出一个例子.

试用数学归纳法证明,对一切正整数 $n,5^{2n+1}+2^{2n+1}$ 都能被 7 整除.此题极易证明,为了节省篇幅起见,我们不准备在这里写出证法.但要着重指出,其实对 $n=0$ 来说,命题也是成立的.因为事实上当 $n=0$ 时,$5^1+2^1=5+2=7$,不言而喻,它当然能被 7 整除.诸如此类的可除性问题,我们可以举出一大批例子.使命题得以成立的起点,不是 $n=1$,而是 $n=0$.对此,人们不能不由衷地佩服谢尔品斯基的先见之明了.

二、由短划定义的数

我们知道,实数可以填满全体有理数的空隙,形成连续统,从而与直线上的点一一对应.计算机科学大师克努特(D. Knuth)发现,超现实数(surreal numbers)[4]可以填满序数的空隙.

引入超现实数有种种途径,最简单、通俗的办法是利用短划记号 $\{\,|\,\}$.我们说,记号 $\{a,b,c,\cdots\,|\,d,e,f,\cdots\}$ 表示的是一个严格大于 $a,b,c,\cdots$,而严格小于 $d,e,f,\cdots$ 的最简单的数.

同一超现实数可能有多种书写形式,正如人的正式名字之外还有字、号、化名、诨名、绰号等一样.例如,$\{1\,|\,3\}$,$\{\frac{3}{2}\,|\,4\}$,$\{1\,|\,e\}$(e 为自然对数的底)都等于 2.

超现实数有个最奥妙的特性,它是可以通过博弈(game)来定义的.

博弈理论中最基本的概念之一是博弈值.博弈值是由确定的游戏规则所决定的内禀性质,即一局中人对另一局中人所具优势的定量指标.对于任何一个游戏,可以设计一种博弈值,当该值大于 0 时,一方可胜;该值小于 0 时,另一方获胜.

例如,在一场两人游戏中,左右双方轮流采取行动.游戏规定,第一个不能走动的人是输家.数 $\{a,b,c,\cdots\,|\,d,e,f,\cdots\}=g$ 便可视为两位局中人进行博弈的博弈值.左方符合游戏规则的走法是 $a,b,c,\cdots$;右方符合游戏规则的走法为

$d,e,f,\cdots$. 无论是谁先走,当 $g>0$ 时,左方获胜;当 $g<0$ 时,右方获胜.

伐木游戏(the game of hackenbush)[5] 是看来极为简单的一种博弈游戏,像是十足道地的小孩子玩意儿,可是其中却含有许多博大而精湛的理论. 此种游戏通常都伴随一个图形,由结点与蓝边、红边组成(图1),左、右两位局中人轮流行动. 但左方只能砍去任何一条蓝边,而右方则只能砍去任何一条红边. 如果左(右)方由于砍去一条边而使得整个图形失去支撑,图形就会统统"坍倒",右(左)方便再也不能走动,于是右(左)方就输了.

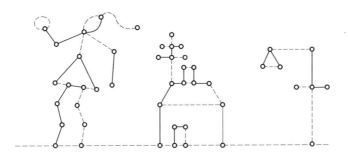

图1 蓝边－红边组成的伐木游戏

注:在此文所有图中,蓝边一律用实线表示,红边一律用虚线表示). 两位局中人轮流行动,每次各自只能砍去一条蓝边和一条红边. 规则是谁不能再走,谁就是输家. 如果由于砍去一条边而使得整个图形失去支撑,那就会统统"坍倒"下来,此时称作"崩溃". 例如,右方如果砍去最右下面的一条红边,整个"路灯"就全部崩溃,此时左方再也不能走动,左方就输了

可以通过超现实数算出几个简单伐木游戏的博弈值(图2). 必须指出,博弈值0具有重大的理论意义,它意味着"谁先走就是谁先输"的局势,亦即成语里头所谓的"后发制人". 一般人总是认为,象棋、围棋、五子棋、国际象棋等都是先走的人占便宜,但这种看法并不全面,确实有一大类博弈是后走者稳操胜券的(图3).

顺便指出,在数学上可以用一个二进制数来表示一棵人造灌木[6]. 如上所述,一棵人造灌木是一条不封闭的"折线",由红边或蓝边,以及边与边之间的结点组成. 边数可以有限,也可以无限. 最下面的那条边是一条蓝边,是树的根部(图4). 现在,由根部向上,直至第一对蓝、红交替的边,这两边被视为"小数点". "小数点"以下的蓝边数即表示整数部分;"小数点"以上的每一条边均对应一个二进制数字,其中蓝边表示1,红边表示0. 我们只需把从"小数点"开始的自下而上的二进制数字按顺序从左向右排列,就得到一个对应的二进制小数;边数有限时,则在对应的二进制数最后一位的尾巴上添加1,这就是由伯莱坎普

(E. Berlekamp, 1940—)提出的二进制数和人造灌木的对应关系.

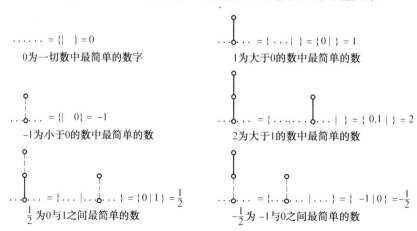

图 2 几个简单伐木游戏的博弈值

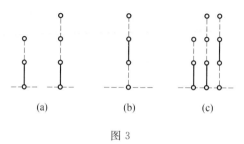

图 3

利用正负数加法及博弈值"0"的意义,一般可以求出伐木游戏的"和". 例如,要求 (a) 所示博弈的值. 左边灌木的值为 $\frac{1}{2}$,而右边灌木的值为 $\{0 \mid \frac{1}{2}, 1\} = \frac{1}{4}$. 现在让我们在它们右边并列一株灌木,如(b) 所示,易知其值为 $\{-1 \mid 0, -\frac{1}{2}\} = -\frac{3}{4}$. 最终结果如(c) 所示. 容易看出,不论左方先走还是右方先走,先走者总是要输的,所以这个博弈之值为零. 于是我们通过伐木游戏的博弈理论,再一次验证了等式: $\frac{1}{2} + \frac{1}{4} + (-\frac{3}{4}) = 0$,即 $\frac{1}{2} + \frac{1}{4} = \frac{3}{4}$. 从而体现了数与图的亲密无间、毫无矛盾,在"造物主"面前的平等.

伯莱坎普是一位美国数学家,37 岁时就已当选为美国科学院院士. 他集数学、电机工程与计算机科学三门学科的教授于一身,是一位有名的"多面手". 用他自己的话来说,他对博弈论"情有独钟". 上述伯莱坎普对应规律在博弈中有具体运用,尤其是针对无限条边时显得特别重要.

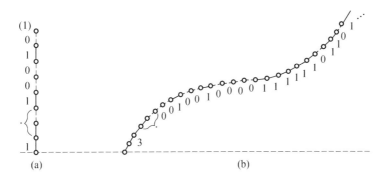

图 4

一棵人造灌木由边和结点组成.最下面的那条边是一条蓝边,是树的根部.顺着边不断向上,直至遇到第一对蓝、红交替的边,这两条边被视为"小数点",在"小数点"上面的蓝边与红边分别表示1和0,如果边数有限,则在对应的二进制数最后一位的尾巴上添上1.这种二进制与伐木游戏中人造灌木对应的规律就称作伯莱坎普对应定律.(a) 表示的二进制小数是 0.100101,即 $\frac{1}{2}+\frac{1}{16}+\frac{1}{64}=\frac{37}{64}$;(b) 所示的"参天古树"是圆周率 π(= 3.141 592 653 5…),其小数部分的二进制表示式是 0.001 001 000 011 111 101 101…

三、中性伐木游戏[7]

伐木游戏虽然有趣,但美中也有不足,主要是蓝、红边泾渭分明,左方只能动蓝边,右方只能动红边,大家各管各,这就难免有偏颇不公之处.于是有人想到,能否不分红蓝,大家都用一种边,只要认为合适,随便哪条边都可以砍削,而输赢规则不变(图5).显然,这样的改革是非常彻底的,它把围棋的黑、白之分都泯除了.于是,所有的局势对双方都明摆着,谁都可以指挥、调遣,此类博弈叫作无偏博弈(impartial game).

在这类伐木游戏中,每棵灌木的边数就称为"拧数"(nimber),这是数学家创造出来的英文单词.它满足特殊的加法律,其相加所得"和"的意思是,该值等价于这一局势的单株中性灌木(即边不分颜色).如果单株灌木的边数大于0,当然是先走者获胜;如果灌木边数为0,即没有灌木,先走者因无边可砍而导致输局.

要求两个拧数之和,必须先把它们转化为二进制.用记号 ⊕ 表示拧数加法.两个不同拧数相加时,可通过查表(表1)求出其和,当然也可以直接计算来求.下举一例,求 3⊕6.先求出两数的二进制表达式,$3=(11)_2$,$6=(110)_2$,为了让两数位数相同,记 3 为 $(011)_2$,然后自右向左,第一位与第一位相加,第二位与第二位相加,如此等等.约定 $0\oplus0=1\oplus1=0$,$0\oplus1=1\oplus0=1$,于是

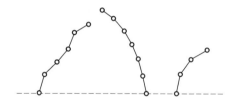

图 5　中性伐木游戏

两位局中人在轮流行动中,可以随便砍去哪条边.这种游戏克服了蓝边－红边伐木游戏的限制.由拧数的定义及计算可以知道,此图中三棵"树"的拧数之和为 0,所以先走(所谓"走",即砍去一条边)者必输

$3 \oplus 6 = (011)_2 \oplus (110)_2 = (101)_2 = 5$. 易知拧数的加法和普通加法一样,满足交换律和结合律. 可以看出,两个相等的拧数相加,其和必定是 0,即 $1 \oplus 1 = 0$,$2 \oplus 2 = 0$,$7 \oplus 7 = 0$,等等. 或者说,两棵灌木边数相同时,后走者必定能够获胜.

表 1　7 以下的拧数加法表

$a \oplus b$	0	1	2	3	4	5	6	7
0	0	1	2	3	4	5	6	7
1	1	0	3	2	5	4	7	6
2	2	3	0	1	6	7	4	5
3	3	2	1	0	7	6	5	4
4	4	5	6	7	0	1	2	3
5	5	4	7	6	1	0	3	2
6	6	7	4	5	2	3	0	1
7	7	6	5	4	3	2	1	0

下面我们举一个例子.现有三棵"植物",它们分别有 5,6,3 条边,如果双方都按最明智的方针行事,就形成一个先走必输的局面.你能从博弈的角度来解释吗?

这个问题要我们求出 $3 \oplus 5 \oplus 6$ 的值. $5 \oplus 6 = (4 \oplus 1) \oplus (4 \oplus 2) = (4 \oplus 4) \oplus (1 \oplus 2) = 0 \oplus 3 = 3$,于是对上述例子来说,其博弈值便是 $3 \oplus 5 \oplus 6 = 3 \oplus 3 = 0$,所以,这又是一个后发制人的局面.不信你试试.现在让你先走,随便你砍去左、中、右哪一棵灌木,也不管你砍去哪条边,我总可以叫你服服帖帖地认输!

除了拧数加法,也可以推广到拧数的乘法与乘幂. 英国数学家康韦(J. H. Conway)证明了一个惊人的结果:若 ω 是康托尔的序数,则 $\omega^3 = 2$.

超现实数的出现,将有可能使数学的面貌发生一些变化. 它的有趣话题不少,其定义方式也远远不止伐木游戏一种. 众所周知,围棋与象棋都起源于中国,而近年来我国研究博弈理论的人却为数不多,甚至连数学教师也不知超现实数为何物. 因此作者在此做一简单导引,冀能抛砖引玉,并望海内外硕学之士,有以教之.

参考资料

[1] 笑得好初集.(清)扬州石成金天基撰集.

[2] Sierpinski's Luggage. The book of Numbers. New York:Springer-Verlag,1996.

[3] Additional Mathematics, Vol 1. 香港图书出版公司,1997.

[4] D. Knuth. Surreal Numbers. Addison-Wesley, Reading, MA, 1974.

[5] J. H. Conway. On Numbers and Games. London and New York: Academic Press, 1976.

[6] E. R. Berlekamp, J. H. Conway, R. K. Guy. Winning Ways. New York: Academic Press, 1982.

[7] Über Unendliche. Lineare Punktmannigfaltigkeiten. Teubner-Archiv Zur Mathematik, Leipzig, 1984.

回文勾股数*

回文,是汉语里一种特殊的有趣现象,它是一段精巧的文字,可以顺读,也可以倒读.

例如,从前有一家餐馆,名叫天然居,里面挂着一副著名的对联:

客上天然居,

居然天上客.

将上联"客上天然居"倒过来读,就变成下联"居然天上客".这是回文对联的一个典型例子.

回文诗的例子,如陈子高《暮春》六言绝句:

纤纤乱草平滩,冉冉云归远山.

帘卷堂空日永,鸟啼花落春残.

把这首诗倒过来,从最后一个字往前读,成为:

残春落花啼鸟,永日空堂卷帘.

山远归云冉冉,滩平草乱纤纤.

按相反顺序读,同样是一首优美的六言绝句.颠过来倒过去,反复吟诵,趣味无穷.

文学中谈论回文对联和诗词,数学里研究勾股数的性质和计算.回文和勾股数相结合,产生了回文勾股数,文学的浪漫与数学的严谨融为一体,别有情趣.

---

* 蒋声:《回文勾股数》,《科学》1999年第51卷第2期.

一、老师悬赏,学生得奖

1989年1月,美国杂志《数学教师》(*Mathematics Teacher*)82卷1期第8页刊载塔塞尔(L. T. Van Tassel)写的一篇短文,介绍了他亲身经历的一个小故事.

塔塞尔从一份被人久久遗忘的资料里,发现一组有趣的数
$$88\ 209,\ 90\ 288,\ 126\ 225$$
以这三个数为边长的三角形是直角三角形.因为它们满足勾股定理中的平方关系:$88\ 209^2 + 90\ 288^2 = 126\ 225^2$.不但如此,最为奇妙的是,其中两条直角边的长度 88 209 和 90 288 恰好数字完全颠倒,这是极为罕见的现象.

大家知道,如果三个正整数是某个直角三角形三边的长度,那么这三个数叫作一组勾股弦数,简称为勾股数,在英文里叫作"毕达哥拉斯三数组".

另一方面,如将两个正整数中某一数的数字排列顺序颠倒以后恰好得到另一个数,就说这两个数是一对回文数.例如 789 和 987;3 210 和 123.

塔塞尔文章的标题是 *Pythagorean digits reversed*,意思是"数字颠倒的毕达哥拉斯三数组".如果按照中文表达的习惯,可意译为"回文勾股数".

塔塞尔在课堂上向自己的学生介绍了他查到的这组数,并且宣布,如果谁能找到第二组这样的数,奖励 10 美元.

一位名叫佩雷斯(D. Perez)的学生荣幸地获得了这笔小小的奖金.佩雷斯利用可编程序的电子计算器试算,发现了一组新的回文勾股数
$$125\ 928^2 + 829\ 521^2 = 839\ 025^2$$
塔塞尔在他的文章里说,佩雷斯还得到另外两组:一组的直角边长是 725 068 和 860 527;另一组的斜边长是 1 164 481.

塔塞尔在文末提了几个问题.例如,这种罕见的数组是否只存在有限个?能否找到更加系统的产生这种数的方法?当时费马大定理还没有得到证明,所以塔塞尔还问,能否像费马大定理研究的那些情形,把平方关系推广到高次.

二、回答"不"

塔塞尔问:回文勾股数是否只存在有限组?

答案是:不.回文勾股数有无限多组.

证明方法是构造性的.任取一组已知的回文勾股数,例如 88 209,90 288 和 126 225,拿它作为种子.令 $a = 88\ 209k, b = 90\ 288k, c = 126\ 225k$,那么对于任何

正整数 k，数组 (a,b,c) 都是一组勾股数.

取 $k=100\,001$，得到数组
$$8\,820\,988\,209, 9\,028\,890\,288, 12\,622\,626\,225$$

因为 $8\,820\,988\,209$ 和 $9\,028\,890\,288$ 的数字顺序恰好完全相反，所以这是一组回文勾股数.

如果改为取 $k=1\,000\,001$，则得到另一组新的回文勾股数
$$88\,209\,088\,209, 90\,288\,090\,288, 126\,225\,126\,225$$

继续这样在 k 值中间插 0，每次都得到更大的新回文勾股数. 插 0 的过程可以无限继续，因而得到无穷多组回文勾股数.

播下一粒种，长出一棵树，结籽无穷多.

三、回答"能"

佩雷斯寻找回文勾股数的方法，是利用可编程电子计算器逐组试算，有用的留下，无用的舍弃. 由于佩雷斯的方法效率太低，所以塔塞尔问：能否找到更加系统的方法来产生回文勾股数？

答案是"能".

一对回文数，如果其中每个数的末位数字都不是 0，则这对数就叫作非退化的；否则便叫作退化的.

如果一组勾股数中有两个数是一对回文数，就说这一组数是回文勾股数. 根据所含回文数是退化的或非退化的，相应地把回文勾股数叫作退化的回文勾股数或非退化的回文勾股数.

用下面的方法，可以产生一族无穷多组新的回文勾股数：

令 $a_n=1\,980(10^{n+2}-1)$，$b_n=209(10^{n+2}-1)$，$c_n=1\,991(10^{n+2}-1)$. 那么对于 $n=1,2,3,\cdots$，每个三数组 (a_n,b_n,c_n) 都是一组回文勾股数.

当 $n=1,2,3$ 时，相应的回文勾股数分别是
$$1\,978\,020, 208\,791, 1\,989\,009$$
$$19\,798\,020, 2\,089\,791, 19\,908\,009$$
$$197\,998\,020, 20\,899\,791, 199\,098\,009$$

一般地，对于任意正整数 n，有 $a_n=197\cdots8\,020$，$b_n=208\cdots791$，其中省略号处各出现 $n-1$ 个 9. 所以，a_n 和 b_n 总是构成一对退化的回文数.

又因为 $1\,980^2+209^2=1\,991^2$，所以 (a_n,b_n,c_n) 必为勾股数，因而是回文勾股数.

四、新品种

以上做出的回文勾股数 (a_n, b_n, c_n) 都是两条直角边 a 和 b 的数字互相颠倒,这样的回文勾股数叫作 $abba$ 型的.

还可以考虑一条直角边 a 和斜边 c 的数字互相颠倒的回文勾股数,把它们叫作 $acca$ 型的.

最小的一组 $acca$ 型回文勾股数是 $33,56,65$,因为 $65^2 - 56^2 = 33^2$.

对于 $acca$ 型的回文勾股数,同样可用播种的办法产生新数组. 例如,拿回文勾股数 $(33,56,65)$ 做种子,可以产生无穷多组新的回文勾股数 $(3\,333, 5\,656, 6\,565)$,$(33\,033, 56\,056, 65\,065)$,$(330\,033, 560\,056, 650\,065)$,$(333\,333, 565\,656, 656\,565)$,$(33\,033\,033, 56\,056\,056, 65\,065\,065)$,等等.

五、电脑参战

利用电脑编程计算,发现了很多新的回文勾股数. 其中,在 $c < 10^7$ 的范围内,发现5组 $abba$ 型和37组 $acca$ 型新的回文勾股数. 在5组 $abba$ 型新回文勾股数中,有一组非退化
$$5\,513\,508^2 + 8\,053\,155^2 = 9\,759\,717^2$$

电脑计算还表明,塔塞尔报道的4组数中,只有前两组是真正的回文勾股数,后面两组都是近似的勾股数,因为
$$\sqrt{725\,068^2 + 860\,527^2} = 1\,125\,268.999\,996\,445\cdots$$
$$\sqrt{811\,538^2 + 835\,118^2} = 1\,164\,481.000\,003\,005\cdots$$

以上两式右边与整数相差极小,即使取到12位有效数字,四舍五入以后还是得到整数. 通常的电子计算器只显示10位有效数字,佩雷斯是用电子计算器试算的,所以把这两组也当成了回文勾股数.

六、数论性质

数学从不满足于个别实例,而是着眼于寻求普遍规律.

关于回文勾股数,可以得到下面一些性质:

在任何一组 $acca$ 型回文勾股数中,b 一定是33的倍数;在任何一组 $abba$ 型回文勾股数中,三个数都是99的倍数.

数论中研究勾股数,常设法将问题归结为本原勾股数(三个数 a,b,c 的最大公约数是1). 但是,这种方法对回文勾股数不完全适用,因为上面的性质表

明,不存在本原的 $abba$ 型回文勾股数.

$acca$ 型回文勾股数可以是本原的,也可以不是本原的.到目前为止,(33,56,65)是唯一所知的本原勾股数,已知的其他各组均非本原的.

上面介绍的这些1989年以后得到的有关回文勾股数的结果,是笔者与陈瑞琛共同讨论得到的,详细证明和更多的例子可以参看文[1].按照通常对于年份的简写方法,塔塞尔的文章发表在1989年,而文[1]则发表在1998年,89和98也恰好是一对回文数.

当初,笔者与陈瑞琛一起讨论回文勾股数,只不过试图将塔塞尔的短文理解得清楚一些,未曾料到,像勾股数这样在数学中研究得十分透彻的内容,竟然也能产生饶有兴趣的新课题.这说明在古老的数学园地中,到处有新花开放.

回文勾股数的面纱仅仅撩起一角,面目依然神秘迷人.相信在今后的岁月里,人们能对它逐步获得更多的了解.

参考资料

[1] Jiang Sheng, Chen Ruichen. Digits reversed Pythagorean triples. Int. J. Math. Educ. Sci. Technol., 1998, 29(5):689.

伯努利数[*]

鲁迅的儿子不是文学家,爱因斯坦的子孙不研究物理. 但历史上也有极个别的例外,伯努利家族在三代中居然产生了八位数学家和物理学家,以至于美国科学院院士、曾任美国数学会主席的贝尔(E. T. Bell)惊呼:"这些人并不是有意选择数学作为职业,而是像酒鬼离不开酒那样不由自主地陷入了数学."

伯努利家族(图1)为了逃避天主教徒的大屠杀,先是逃到德国法兰克福避难,不久又迁往瑞士,在巴塞尔(瑞士北部,与德、法两国接壤)安顿了下来.

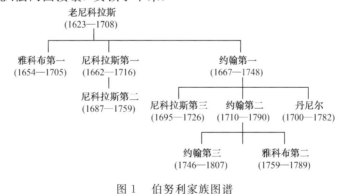

图1　伯努利家族图谱

八位数学家、物理学家中的老大雅科布第一(J. Bernoulli),通过刻苦自学,熟练地掌握了微积分. 从1687年直到逝世,他一直在巴塞尔大学任数学教授. 他的主要业绩

---

[*] 谈祥柏:《伯努利数》,《科学》1999年第51卷第4期.

是对微积分的发展做出了重大贡献,从而使资质非常平庸的人,也能应用微积分去发现连最伟大的古希腊学者都绝对不能发现的结果.事实表明,他违背父亲的意旨,不当医生而去研究星星,这条路确是走对了.

雅科布第一在其晚年专门研究摆线和等角螺线(也叫对数螺线),尤其对后者研究得非常投入.他对此种螺线进行各式各样的几何变换,结果都会再现出一条相似的螺线.

一、墓碑上的对数螺线

雅科布第一临终时嘱咐,在他的墓碑上刻上一条对数螺线,其铭文是:"尽管改变了,我仍将再现(Eadem mutata resurgo)."从本质上讲,这句话的意思同杭州三生石故事中"三生石上旧精魂,赏月临风不要论.惭愧情人远相访,此身虽异性长存"的说法简直是完全一样的.雅科布第一从未到过东方,他是一个基督教徒,根本不信佛.他是如何得到大乘佛教的六道轮回、灵魂不灭思想的,真是个令人不解之谜了.

就事论事,如果上述性质仅限于所论的曲线本身,而不去做无谓的附会或外推,那么雅科布第一墓志铭的深刻意义,确实如人聆听寒山寺的深夜撞钟,能引起许多联想.

众所周知,不仅和一条曲线相切,而且和切点处保持相同曲率的圆,称为该曲线的曲率圆.曲率圆中心的轨迹称为已知曲线的渐屈线.椭圆的渐屈线是内摆线,曳物线的渐屈线变成了悬链线,同原来的曲线相比,变化非常大.

利用直角坐标与极坐标的互化公式,我们可以证明:对数螺线的渐屈线方程仍然是一条对数螺线!

二、蓝色多瑙河上的隐士

在多瑙河上游有一个风光如画的小城市名叫乌尔姆(Ulm),此地属于德国的巴登—符腾堡州,以前曾经住着一位隐士福尔哈贝尔(J. Faulhaber).此人在养花种草,尽情亲近大自然之余,也从事着与众不同的数学研究.

自然数的方幂和,古今中外都有不少人在研究它.譬如说,在低次幂时,人们已知

$$1^0 + 2^0 + \cdots + n^0 = n$$

$$1^1 + 2^1 + \cdots + n^1 = \frac{1}{2}(n^2 + n)$$

$$1^2 + 2^2 + \cdots + n^2 = \frac{1}{3}(n^3 + \frac{3}{2}n^2 + \frac{1}{2}n)$$

$$1^3 + 2^3 + \cdots + n^3 = \frac{1}{4}(n^4 + 2n^3 + n^2)$$

日本的"和算圣人"关孝和,中国的朱世杰等都曾研究过这一课题,福尔哈巴了不起的功绩,则是把它推广到一般情况.他建立起一个公式

$$1^{k-1} + 2^{k-1} + \cdots + n^{k-1} =$$
$$\frac{1}{k}\left[n^k + \binom{k}{1}n^{k-1} \times \frac{1}{2} + \binom{k}{2}n^{k-2} \times \frac{1}{6} + \binom{k}{3}n^{k-3} \times 0 + \binom{k}{4}n^{k-4} \times \left(-\frac{1}{30}\right) + \cdots\right]$$

括弧里头的表达式形状有点像二项式定理,但需要乘上一些奇怪的常数

$$1, \frac{1}{2}, \frac{1}{6}, 0, -\frac{1}{30}, 0, \frac{1}{42}, 0, -\frac{1}{30}, 0, \frac{5}{66}, 0, \cdots$$

它们称为伯努利数,通常记为 B_n,即

$$B_0 = 1, B_1 = \frac{1}{2}, B_2 = \frac{1}{6}, B_3 = B_5 = B_7 = B_9 \cdots = 0$$

$$B_4 = B_8 = -\frac{1}{30}, B_6 = \frac{1}{42}, B_{10} = \frac{5}{66}, \cdots$$

原来,福尔哈巴去世后,他的名字早已湮没不彰,主要是雅科布第一重新建立了这个公式.雅科布第一为人忠厚笃实,人品极高.在其名著《猜度术》(*Ars Conjectandi*)中,雅科布第一把建立公式的首功归诸于福尔哈巴.

三、对数螺线的渐屈线

曲率圆中心 (ξ, η) 满足的公式为

$$\xi = x - \frac{y'(1+y'^2)}{y''}, \quad \eta = y + \frac{1+y'^2}{y''}$$

曲率圆中心的轨迹,称为已知曲线 $f(x, y) = 0$ 的渐屈线(Evolute).

现在来看一看对数螺线 $\gamma = ae^{m\varphi}$ 的渐屈线.利用直角坐标与极坐标的互化公式,有

$$\frac{1}{2}\ln(x^2 + y^2) = \ln a + m\arctan\frac{y}{x}$$

两边对 x 求导数

$$\frac{x + yy'}{x^2 + y^2} = \frac{m(xy' - y)}{x^2 + y^2}$$

解出 y',得

$$y' = \frac{x + my}{mx - y}$$

再求二阶导数,并化简,得

$$y'' = \frac{1 + y'^2}{mx - y}$$

以 y' 及 y'' 代入曲率中心的表达式中,化简整理之,可得 $\xi=-my,\eta=mx$.
设

$$\rho=\sqrt{\xi^2+\eta^2},\psi=\arctan\frac{\eta}{\xi}$$

上式即成为

$$\xi^2+\eta^2=m^2(x^2+y^2),-\frac{\xi}{\eta}=\frac{y}{x}$$

也就是

$$\rho=m\gamma=ma\mathrm{e}^{m\psi},-\cot\psi=\tan\varphi$$

故 $\varphi=\psi-\frac{\pi}{2}$,于是得到渐屈线方程为

$$\rho=ma\mathrm{e}^{m\left(\psi-\frac{\pi}{2}\right)}$$

显然它仍旧是一条对数螺线.

四、神算惊人的雅科布

在欧洲中世纪时,数学"擂台赛"相当盛行. 一般三、四次代数方程解题者卡尔丹(J. Cardan)、费拉里(L. Ferrari),以及"口吃者"塔尔塔利亚(N. Tartaglia)的比赛往事,犹似中国唐朝时期的"僧道斗法",至今仍为人津津乐道.

雅科布第一未能免俗,他不免见猎心喜,有心在大庭广众之下露一手,以便自我炫耀一番. 他曾经夸下海口:"我有本事在七分半钟时间内算出 $1^{10}+2^{10}+3^{10}+4^{10}+\cdots+999^{10}+1\,000^{10}$,保证结果绝对精确,不存在丝毫误差!"

由于在《猜度术》这本大书中(此书是雅科布去世后别人代编的遗著)找不到这个"七分半钟"怪题(Intra Semiquadrantem horae)的原始记录,当年"比武"的细节已不得而知. 据信,雅科布第一是得胜而归的,别人为了验证他的答数是否正确,竟十足花了三天三夜!

当代大数学家康韦(J. H. Conway,他的徒弟因证出"月光猜想"而荣获 20 世纪最后一届菲尔兹奖)认为,雅科布第一不愧为一位"神算子"(有位水浒英雄"神算子"蒋敬,中国人对这种绰号很熟悉). 他的说法很可靠,绝非大言欺人、哗众取宠之意. 采用他的办法,康韦只用了五分钟的时间,便完成了下面的全部计算

$$\frac{(x+B)^{11}-B^{11}}{11}=$$

$$\frac{1}{11}(x^{11}+11B^1x^{10}+55B^2x^9+330B^4x^7+462B^6x^5+165B^8x^3+11B^{10}x)$$

令 $x=1\,000$,并已知

$$B^1=\frac{1}{2}, B^2=\frac{1}{6}, B^4=-\frac{1}{30}, B^6=\frac{1}{42}, B^8=-\frac{1}{30}, B^{10}=\frac{5}{66}$$

即可得出

$$\frac{x^{11}}{11}=90\ 909\ 090\ 909\ 090\ 909\ 090\ 909\ 090\ 909\ 090.909\ 090\cdots$$

$B^1 x^6 = \quad\quad 500\ 000\ 000\ 000\ 000\ 000\ 000\ 000\ 000\ 000$

$5B^2 x^9 = \quad\quad\quad\quad 833\ 333\ 333\ 333\ 333\ 333\ 333\ 333\ 333.333\ 333\cdots$

$30B^4 x^7 = \quad\quad\quad\quad -1\ 000\ 000\ 000\ 000\ 000\ 000\ 000$

$42B^6 x^5 = \quad\quad\quad\quad\quad\quad 1\ 000\ 000\ 000\ 000\ 000$

$15B^8 x^3 = \quad\quad\quad\quad\quad\quad\quad\quad -500\ 000\ 000$

$B^{10} x = \quad\quad\quad\quad\quad\quad\quad\quad\quad\quad 75.757\ 575\cdots$

总和 $= 91\ 409\ 924\ 241\ 424\ 243\ 424\ 241\ 924\ 242\ 500.000\ 000\cdots$

五、以下作上,匪夷所思

从上文"墓碑上的对数螺线",我们已经可以大致看出雅科布第一的奇思妙想.他真是一个像唐朝大诗人李贺那样的鬼才.譬如说,学过数学的人几乎都知道下标与上标(即方幂)是完全不同的两码事,然而雅科布第一却无视其重大差别,把它们混同起来,从而把福尔哈巴公式浓缩地记为

$$1^{k-1}+2^{k-2}+\cdots+n^{k-1}=\frac{(n+B)^k-B^k}{k}$$

数学教育家波利亚(G. Pólya)称之为"似然推理——发现的艺术",当然它只是一种"触发术",绝不能代替严格的数学证明.尽管如此,它在方法论上依然是举足轻重的.既然已经抓住了实质性的东西,以后不过是进一步的精加工了.

在许多微积分教科书以及各种数学手册里几乎都要提到伯努利数,但是从未交代这些数的来龙去脉,弄得理工科的师生们都像丈二和尚摸不着头脑一样,只好似懂非懂,囫囵吞枣,以致这个疑团长期存在心中,无从索解.

现在好了,所有的伯努利数都可由以下递推公式: $(B-1)^k=B^k(k\neq 1)$ 推算而得.只需特别留意等式 $(B-1)^1=B^1$ 是不成立的就行了.

例如,我们可由 $B^2-2B^1+1=B^2$,推出 $-2B^1+1=0$,所以 $B^1=\frac{1}{2}$.

又如,从 $B^3-3B^2+3B^1-1=B^3$,可推出 $B^2=\frac{1}{6}$.

一般来说,如果已知 $B^1,B^2,\cdots,B^{k-2}$,那么即可算出 B^{k-1},犹如探囊取物,从此一劳永逸地解决了伯努利数的计算问题,不亦快哉!

六、神奇的联系

应当指出,$B^3, B^5, B^7, \cdots$ 及以上一切奇数幂(实际上也就是奇数下标)的伯努利数都等于 0,然而偶数幂的伯努利数却同素因子有着一种神奇的联系.

近些年来,冯·施陶特(Von Staudt)与克劳森(P. Clausen)证明了一个神奇的性质,若 $2, 3, \cdots, p$ 都是比 $2n$ 的因子分别大 1 的素数,则当 $2n \leqslant 12$ 时

$$B^{2n} = 1 - \frac{1}{2} - \frac{1}{3} - \cdots - \frac{1}{p}$$

例如,B^{12}(通常的正规写法记为 B_{12})$= -\frac{691}{2\,730}$,而它确实可从下面的式子算出来

$$B^{12} = 1 - \frac{1}{2} - \frac{1}{3} - \frac{1}{5} - \frac{1}{7} - \frac{1}{13} = -\frac{691}{2\,730} = -0.253\,11\dot{3}\,\dot{5}$$

此时,12 的因子为 1,2,3,4,6,12,而上式各分母上的数都相应地大 1,即 2,3,4,5,7,13(3 + 1 = 4,然而 4 不是素数,故应把它"开除"出去).

从微积分角度来看,$\cot \frac{x}{2}$ 的泰勒展开式中 x^{2n-1} 项的系数就是 $\pm \frac{B^{2n}}{(2n)!}$.

参考资料

[1] E. T. Bell. Men of Mathematics. Dover Publications,1963.

[2] J. H. Conway,R. K. Guy. The Book of Numbers. New York:Springer-Verlag,1996

[3] 陈景润. 计算自然数的方幂和的一种方法. 初等数学论丛第 7 辑. 上海:上海教育出版社,1983.

[4] 陈景润. 使用差分法来计算自然数的方幂和. 初等数学论丛第 9 辑. 上海:上海教育出版社,1986.

长方体与正整数*

都说诗的语言是形象的语言,其实如果在这形象语言中适当地嵌进数字,会变得更加优美动人,例如:

三山半落青天外,二水中分白鹭洲.(唐·李白)

二十四桥千步柳,春风十里上珠帘.(宋·韩琦)

同样地,在数学研究中,也经常是形中有数,数中有形,交相辉映,难解难分.长方体与正整数的关系,正是一个典型的例子.

一、以简求简

一台74 cm的彩色电视机,屏幕对角线长度是74 cm,屏幕的长、宽、对角线之比是3∶4∶5.只要用一个简单数字74,就能完全反映电视机屏幕的尺寸.

在制作长方形屏幕的过程中,只能直接控制它的屏幕长度和宽度,顾了长与宽,就顾不上对角线.多谢勾股定理,由它可得"勾3股4弦5",从而保证了对角线长度也满足设计要求.

由此可见,一种几何图形,如果它的各部分线段长度是一些简单的正整数,将会给应用带来方便,因而值得特别重视.这些长度可能是互相制约的,其中某几个可以自由选择,另外一些则需通过复杂计算确定,结果得到的数据居然也很简单,给人以美的享受.

---

* 蒋声:《长方体与正整数》,《科学》2000年第52卷第2期.

最常见的计算,是从长方形的边长 a 和 b 出发求对角线长 c,这三者之间的关系,即熟知的勾股定理
$$a^2 + b^2 = c^2$$
上面这个方程的全部正整数解可写成参数形式
$$a = k(m^2 - n^2), b = 2kmn, c = k(m^2 + n^2)$$
其中 k 是任意正整数,m 和 n 是互素的正整数,满足 $m > n$,并且两数字一奇一偶.

当直角三角形的三边长 a, b, c 都是正整数时,这个三角形叫作毕达哥拉斯三角形,并且将数组 (a, b, c) 叫作勾股数,又叫毕达哥拉斯数. 在理论问题和实际问题中,勾股数已经得到了广泛应用.

如果将长方形换成长方体,将会如何呢?

二、四个正整数

如果长方体的棱长 a, b, c 和体对角线长 d 都是正整数,就把它们叫作一组长方体数.

长方体数是如下方程的正整数解
$$a^2 + b^2 + c^2 = d^2.$$
容易验证,下列各式中的数组都是长方体数
$$1^2 + 2^2 + 2^2 = 3^2, 1^2 + 4^2 + 8^2 = 9^2, 2^2 + 3^2 + 6^2 = 7^2$$
计算空间线段长度时,用到公式
$$d = \sqrt{(x_1 - x_2)^2 + (y_1 - y_2)^2 + (z_1 - z_2)^2}$$
虽然线段端点的坐标 (x_1, y_1, z_1) 和 (x_2, y_2, z_2) 是正整数,求出的长度 d 却经常是无理数. 公式并不复杂,计算倒挺麻烦,有点喧宾夺主的味道.

18 世纪日本人松永良弼在他的书《算法集成》中提出一种方法,可以得到无穷多组长方体数. 方法如下:

取任意正整数 l 和 m,作因数分解 $l^2 + m^2 = qn(q > n)$,其中 q 和 n 是正整数,那么下式总是给出长方体数:$a = q - n, b = 2l, c = 2m, d = q + n$.

例如,取 $l = 1, m = 1$,得到长方体的棱长为 $1, 2, 2$,对角线长为 3.

松永良弼的公式用起来很方便,但是不能得到全部解. 要得到所有满足条件的解,可利用下面的比例式
$$\frac{a}{|L^2 + M^2 - N^2|} = \frac{b}{2LN} = \frac{c}{2MN} = \frac{d}{L^2 + M^2 + N^2}$$
其中 L, M, N 是正整数,$L^2 + M^2 \neq N^2$,并且三个数 L, M, N 的最大公约数等于 1.

三、五个正整数

人往高处走,水向低处流.有了同时得到四个正整数的办法,就想更上一层楼,试一试能否同时得到五个正整数.

有没有这样的长方体,它的棱长 a,b,c 都是正整数,体对角线长 d 也是正整数,并且还有一个面的对角线长 x 是正整数呢?

有!多得很.

例如,设长方体的棱长是 $a=3, b=4, c=12$,那么长方体的对角线长是 $d=13$,并且 a 和 b 所在面上的对角线长为 $x=5$.

一般地,利用下面的方法可以得到无穷多个满足条件的长方体.

第一步,任取一组辅助长方体数 (m,n,q,p),其中 $m>n$,p 是最大数(体对角线长),那么

$$m^2+n^2+q^2=p^2$$

第二步,令 $a=m^2-n^2, b=2mn, c=2pq$,那么以 a,b,c 为棱长的长方体满足要求.

事实上,显然棱长 a,b,c 都是正整数.设体对角线长是 d,棱 a 和 b 所在面上的对角线长为 f,那么

$$f=m^2+n^2=p^2-q^2, d=p^2+q^2$$

当辅助长方体数为 $(2,1,2,3)$ 时,就得到上述棱长为 $3,4,12$ 的长方体.

四、六个正整数

加德纳(M. Gardner, 1914—)是美国著名的科普专栏作家.他在一篇文章里提到了六个正整数的问题.具体说来,就是问,在一个长方体中,从一顶点出发的三条棱长、三个面的对角线长以及体对角线长这七条线段中,能否同时出现六个正整数?

加德纳是在 1970 年的《科学美国人》(*Scientific American*)杂志上提出这个一般问题的.实际上,它是三个不同问题的综合形式:

(1) 体对角线长是无理数,其余六条线段长是正整数;

(2) 一条棱长是无理数,其余是正整数;

(3) 一个面的对角线长是无理数,其余是正整数.

在加德纳提出综合形式问题之前,上述三个问题就已被分别研究过.

关于问题(1),早在 1719 年,哈尔克(P. Halcke)已经发现,若长方体的棱长为 117,44,240,则其面对角线的长度都是正整数(分别等于 267,244,125).

波兰数学家谢尔品斯基(W. Sierpinski,1882—1969)在其名著《毕达哥拉斯三角形》中提出了这个问题的一组公式解:设(a,b,c)是一组勾股数,令
$$x=a\mid 4b^2-c^2\mid, y=b\mid 4a^2-c^2\mid, z=4abc$$
取长方体的棱长为x,y,z,那么各个面的对角线长都是正整数,因为容易验证
$$x^2+z^2=a^2(4b^2+c^2)^2, y^2+z^2=b^2(4a^2+c^2)^2, x^2+y^2=c^6$$
作为特例,取辅助勾股数为$(3,4,5)$,就得到哈尔克的解.

谢尔品斯基的公式能得到无穷多个解,但远远不是全部解.例如,当长方体的棱长为 85,132,720 时,它的面对角线长为正整数 157,732,725.但是这个长方体不满足谢尔品斯基的公式.

问题(2)也是有解的.例如,取长方体的棱长为 $a=124, b=957, c=\sqrt{13\,852\,800}$,那么各个面对角线的长度是 965,3 724,3 843;体对角线的长度是 3 845.除去 c 是无理数,其余六个数都是正整数.

瑞士大数学家欧拉已经得到过问题(3)的一些解.其中一个的棱长是 (104,153,672),另一个的棱长是 (117,520,756).前者的体对角线长是 697,面对角线长是 185,680 和 $\sqrt{474\,993}$;后者的体对角线长是 925,面对角线长是 533,765 和 $\sqrt{841\,936}$.

问题(2)和问题(3)也可像问题(1)那样,利用勾股数构作含参数的无穷解族,还可利用计算机搜索,结果得到了很多解.其中,利奇(J. Leech)等人做了大量工作.

五、七个……

七个正数中,已经能够做到使六个同时成为正整数,只剩下一个无理数尾巴拖在后面.

能不能加把劲,将这尾巴割掉?

如果有一个长方体,它的所有棱长、所有面对角线长和体对角线长都是正整数,就称它为完美长方体(perfect cuboid).

现在的问题可以叙述成:是否存在完美长方体?

这是一个著名的难题,至今还不知道答案.

一个非常自然的想法,是在"六个正整数"解答的基础上继续探讨.

往"存在"的方向摸索前进,结果两手空空,既没有能做出公式解,也没有能在计算机搜索范围内得到数字解,所以无法断言存在.可以进一步尝试寻找,不过前途未卜,能否成功,尚难预料.

朝着"不存在"的方向尝试举步,有了不少进展,证明了某些"六正整数"公式不可能产生七个正整数.但是很可惜,因为所用的公式不包括全部"六正整

数"解,所以只能断定在相应的局部范围里不存在"七正整数"解.至于在全局范围内是否存在,只能留给 21 世纪的人们思考了.

参考资料

[1] W. Sierpinski. Pythagorean Triangles. New York:Yeshiva University,1962.
[2] R. K. Guy. Unsolved Problems in Number Theory. New York:Springer-Verlag,1981.
[3] 蒋声,陈瑞琛.勾股数及其推广.北京:人民教育出版社,1990.

图形拼补趣谈[*]

拼图本是一类游戏,由此引申出大量有趣问题,包括不少历史悠久、具有数学价值的名题,一直为数学爱好者乃至大数学家所钟爱.

一、图形的面积相等与组成相等

英国趣味数学家杜登尼(H. E. Dudeney)在20世纪初于《迈尔日报》上提出下面的问题[1]:

如何将一个正三角形剖分成四块,用它们拼成(无缝隙且无重叠)一个正方形(图1)?

此前,人们知道正三角形剖分成五块后并拼成正方形的方法(图2).

问题解答者众多,但正确解答者却寥寥无几.稍后,杜登尼发表了他的裁拼方法.

这儿正三角形是按照下面步骤严格剖分的:

(1) 如图3所示,分别作正$\triangle ABC$中边AB,BC的中点D,E;

(2) 延长AE到F使$EF = EB$;

(3) 求AF中点G,以G为圆心、AG为半径作弧$\overparen{AHF}$;

(4) 延长EB到H,则EH即为所拼正方形的边长;

---

[*] 吴振奎:《图形拼补趣谈》,《科学》2000年第52卷第6期.

(5) 以 E 为圆心、EH 为半径作弧 $\widehat{HJ}$ 交 AC 于 J，取 $JK = BE$；
(6) 作 $DL \perp EJ$ 于 L, $KM \perp EJ$ 于 M.

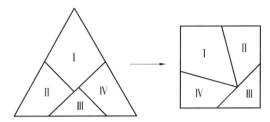

图 1　将正三角形剖分成四块后并拼成正方形的方法

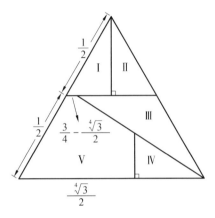

图 2　将正三角形剖分为能拼成正方形的五块图形

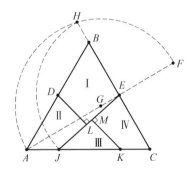

图 3　杜登尼的具体方案

如是，正 $\triangle ABC$ 被剖分成 Ⅰ，Ⅱ，Ⅲ，Ⅳ 四部分，而用它们恰好可拼成一个等积的正方形.

这个结果非常有名，裁拼方法也十分巧妙，不易想到. 比起成千道大同小异的微积分习题，这类问题或许更能给人以智慧的享受和无穷的回味，尽管微积分的样子更可以用来吓跑门外汉.

有的读者可能会问:四块能不能再减少到三块?另外,是不是对于大于5的任意正整数n,都可以剖分成n块完成这一裁拼?这两个问题留给读者进一步思考.

需要强调一点:这里的裁拼应是无缝隙、无重叠的,并且必须严格证明这一点,否则会闹出笑话.不信请看下面的正方形裁拼成矩形的著名例子(图4).

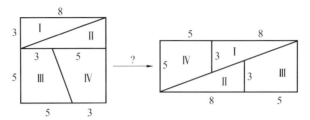

图4　一个有缝隙拼图的例子

乍看起来,似乎天衣无缝、无可挑剔,然而当真算一算它们的面积,破绽便一览无余

$$S_{正方形}=8^2=64,\ S_{矩形}=13\times 5=65$$

其中的原因是:右图矩形中间有"缝"(读者不妨亲手剪张纸试试看,此外上例中的数据还和著名的斐波那契数列有关).

实际上,拼图游戏中包含着两个重要的数学概念,即几何图形的面积与组成.

大家知道,底为a、高为h的三角形面积$S_\triangle=\dfrac{ah}{2}$,显然它与一个底是$a$(三角形最大边)、高为$\dfrac{h}{2}$的矩形等积(当然该面积公式也正是按图5所示的思路推导的),或称它们面积相等.

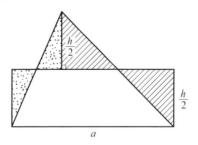

图5　三角形与一等底半高的矩形组成相等

同时,三角形可剖分成3块后并拼成这样一个矩形,数学家称之为上两图形组成相等.

一般地,如果图形A剖分成有限多个部分后可(无缝隙、无重叠)拼补成图形B,则称图形A与图形B组成相等,且记为$A\cong B$.显然,若图形A与图形B

组成相等,则它们等积(即面积相等,记为 $S_A = S_B$),反之则不然.不过,对于某些几何图形来说则有一些大大超乎人们直观的结论.

二、从鲍耶－格温定理到化圆为方

关于几何图形面积相等与组成相等研究中,匈牙利数学家鲍耶(J. Bolyai)、德国业余数学家格温(B. Gerwien)于 1832 年和 1833 年先后独立给出了下面的结论:

若两个多边形面积相等,则它们一定组成相等.

这个结论即为鲍耶－格温定理.

该定理的证明大约有下面几步[2]:

(1) 若 $A \cong B$,且 $B \cong C$,则 $A \cong C$(此即说明组成相等具有传递性);
(2) 任意三角形与某矩形组成相等(这在上节已经证明);
(3) 共底且面积相等的两个平行四边形组成相等;
(4) 等积的两矩形组成相等(图 6);
(5) 任意多边形与某一矩形组成相等;

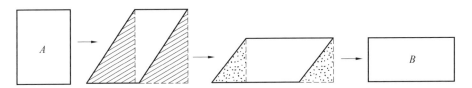

图 6　等积的两矩形组成相等的证明示意图(其中两个平行四边形全等)

说明如下,首先,多边形 A 若其边数为 n(图 7),则可剖分成 $n-2$ 个三角形 $A_1, A_2, \cdots, A_{n-2}$,而每个三角形 A_i 均与某矩形 B_i 组成相等,即 $A_i \cong B_i, i = 1, 2, \cdots, n-2$.因每个矩形 B_i 又都与某个底边长一定(比如为 l)的矩形 B_i' 组成相等,而这些等底矩形摞起来可组成一个大矩形.

(6) 任意两个多边形组成相等.

鲍耶－格温定理的证明就完成了,它对于几何图形面积理论的建立有着至关重要的影响.

接下来自然会考虑曲边形的组成相等问题.

尺规作图中的"化圆为方"(作一正方形使之与某定圆等积)问题已被严格证明为尺规作图不可能问题,这是 1882 年德国数学家林德曼(C. L. F. Lindemann)的一篇证明 π 超越性的著名论文的推论.

1925 年,波兰数学家塔斯基从另外一个角度重新提出了下述猜想:

若圆与正方形面积相等,则它们组成相等.

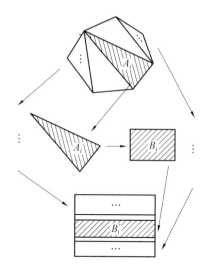

图7　任意多边形与某一矩形组成相等

请注意,塔斯基猜想与"化圆为方"问题有本质区别,这里的"组成相等"是从集合论观点提出的,不要求剖分出的每一部分都非用尺规作图做出不可,甚至允许一些非常怪异的、没有面积的对象存在.

此前,塔斯基证明了:若圆与正方形不等积,则它们一定不组成相等(按上述所言,这一结论并不显然).

塔斯基猜想延续了65年,直到1990年才被匈牙利数学家拉兹科维奇(M. Laczkovich)解决.结论是肯定的,不过要分出约10^{50}个点集[5]!

三、三维空间上的推广与巴拿赫－塔斯基悖论

1900年,在巴黎召开的世界数学家大会上,德国大数学家希尔伯特(D. Hilbert)发表了"23个数学问题"的演讲,对世界数学发展产生了重大影响.这些问题至今尚未被人们全部解决(迄今为止圆满解决的、部分解决的、悬而未决的分别约占$\frac{1}{2}$,$\frac{1}{6}$和$\frac{1}{3}$).舆论普遍认为,任何人只要解决(哪怕部分解决)这些问题中的一个,他将获得数学界的极大声誉.希尔伯特问题中的第3问题是将平面等积图形组成相等问题推广至三维空间而引发的.

空间一个几何体A剖分有限多个部分后,用它们可拼装成几何体B(无缝隙、无重叠),则称它们组成相等,即$A \cong B$.

下面叙述希尔伯特第3问题:

两等底等高(体积相等)的四面体组成相等.

此前,人们已经证明"一个棱柱和一个与之等积的直平行六面体组成相

等",此外还证得"两个体积相等的棱柱组成相等". 然而这一切似乎并未给第 3 问题带来多大支持,想不到的事终于发生了.

1900 年,即希氏发表 23 个问题的当年,其学生德恩(M. Dehn)证明了下面的事实(德恩定理):

一个与立方体等积的正四面体,不与正方体组成相等.

换言之,德恩定理否定地解决了希氏第 3 问题(这是希氏问题中解决得最早的),它的详细证明可见文[2],[3].

而后,对于德恩的发现,瑞士数学家哈德维格(H. Hodwiger)又给出一个较简洁的证法.

顺便讲一句:1896 年,法国数学家布里卡尔(R. Bricard)曾得出多面体组成相等的必要条件. 遗憾的是他的证明有误,此后有人给出该结论的严格证法(用此结论可轻而易举地推得德恩定理). 1965 年,叙德莱兹(D. Sydlez)给出多面体组成相等的充要条件,他证明布里卡尔给出的条件也是充分的.

人们在讨论三维空间几何体的大小与组成相等时,又从集合论观点定义了"组成相等",即:若集合 A 分成有限多个不相交的子集后,经某一运动(平移、旋转)组成集合 B,则称两集合组成相等(显然它包容了前面的定义).

1924 年,波兰大数学家巴拿赫(S. Banach)和塔斯基在上述组成相等定义下给出[5]:

三维空间任意两个立体组成相等.

换句话说,一粒豌豆经过剖分可以拼装成太阳. 这就是曾惊世骇俗的"巴拿赫－塔斯基悖论".

不过,稍具数学修养的人清楚得很,巴拿赫－塔斯基悖论绝非空穴来风、天方夜谭. 当然它并不是悖论,而是一个实实在在的定理,只不过极端违背直觉罢了. 试想:当初集合论说,在一一映射观点下,任意两条线段上的点的个数一样多,不也同样让人难以捉摸吗!

该悖论的数学表述是[5]:在 n 维欧氏空间中任两个有界集是可以等度分解的(组成相等),只要它们有内点,且 $n > 2$. 如果允许将集合分成无限多块,则在二维空间结论亦真. 始终需要强调的一点是:这里分出的子集是任意点集,它不一定连通,甚至不可测.

参考资料

[1] 杜登尼. 200 个趣味数学故事. 芮嘉诰,温佩林,许康年,译. 长沙:湖南科学技术出版社,1984:26;190.

[2] 布尔强斯基.图形的大小相等和组成相等.刘韵浩,译.北京:商务印书馆,1959:42.

[3] 单墫.组合几何.上海:上海教育出版社,1998:149.

[4] 吴振奎,刘舒强.数学中的美.天津:天津教育出版社,1997:63.

[5] 单墫.十个有趣的数学问题.上海:上海教育出版社,1999:42.

一种中世纪的数字棋*

13世纪上半叶的一首拉丁文诗歌 De Vetula 这样写道:

哦!想起那睿智的数字战心里就痒痒,
算术的叶子、花朵和果实尽情地玩赏,
还可赢得美好的赞誉和无上的荣光.

诗中的"数字战"(rithmomachia,或写成 rhythmomachie, richomachie,rithmimachia,ritmachya,rhythmimachia,等等)指的就是当时流行于欧洲的一种数学游戏.它的起源时间不详,但很可能早于11世纪.在一部约写成于1030年的论该游戏的手稿中,作者阿西洛(Asilo)曾提到意大利博伊西斯(A. Boethius)的数学著作,因此有人将其归功于博伊西斯,更多的人则将其归功于毕达哥拉斯,因为它与毕氏学派的比例论密切相关.它常常被称为"哲学家的游戏",因为沉迷于该游戏的多半是通晓数学的知识阶层.从11世纪初到18世纪初整整7个世纪的流传充分证明了它的无穷魅力.

一、棋盘与棋子

"数字战"是一种棋盘游戏.棋盘横8格,纵16格.48块棋子,黑白各半,有圆形、三角形和正方形三种形状,各16块,每种形状的棋子中黑白各8块.

---

* 汪晓勤:《一种中世纪的数字棋》,《科学》2001年第53卷第6期.

棋子上所标的数字是按照毕达哥拉斯学派的尼科马修斯(Nichomachus)在《算术引论》中所定义的三种比例来确定的：

(1) 多倍比，$a : an$；

(2) 超单份比，$a : \left(1 + \dfrac{1}{n}\right)a$；

(3) 超多份比，$a : \left(1 + \dfrac{n}{n+m}\right)a$.

其中 a，n 和 m 为正整数. 根据 n 的奇偶性，上述比率也称为奇的或偶的. 比率中首项称为"申请者"(petitor)，次项称为"被申请者"(postulatus).

圆棋上的数字按第 1 种比来确定；三角棋上的数字按第 2 种比来确定；方棋上的数字按第 3 种比 ($m=1$ 的情形) 来确定. 黑棋上的数字成偶比 (n 为偶数)；白棋上的数字成奇比 (n 为奇数). 以 P 表示申请者，"P 黑"和"P 白"分别表示黑色和白色申请者；p 表示被申请者，"p 黑"和"p 白"分别表示黑色和白色被申请者，则所有棋子上的数字可列表表示.

表 1 中黑色圆棋的"P 黑"行 2,4,6,8 和白色圆棋的"P 白"行 3,5,7,9 是先取定的. 按规定比得到黑、白二色圆棋的"p 黑"和"p 白"；三角棋中"P 黑"行由圆棋"P 黑"行与"p 黑"行相应数字相加得到；"P 白"行由圆棋"P 白"行与"p 白"行对应数字相加得到. 按规定比例得到三角棋的"p 黑"和"p 白"诸数字. 类似地，方棋中"P 白"行由三角棋"P 白"行与"p 白"行相应数字相加得到；"P 黑"行由三角棋"P 黑"行与"p 黑"行相应数字相加得到. 按规定比例得到方棋的"p 黑"和"p 白"诸数字. 易见，当圆棋"P 黑"四数确定后，所有其他棋子上的数字都确定了，其关系见表 1 最后一列.

表 1　数字战棋子上数字的确定

形	色	数字的确定				与首行关系
圆棋	P 黑	2	4	6	8	a
	p 黑	$2 \times 2 = 4$	$4 \times 4 = 16$	$6 \times 6 = 36$	$8 \times 8 = 64$	a^2
	P 白	3	5	7	9	$a+1$
	p 白	$3 \times 3 = 9$	$5 \times 5 = 25$	$7 \times 7 = 49$	$9 \times 9 = 81$	$(a+1)^2$
三角棋	P 黑	$2+4=6$	$4+16=20$	$6+36=42$	$8+64=72$	$a(a+1)$
	p 黑	$\left(1+\dfrac{1}{2}\right) \times 6 = 9$	$\left(1+\dfrac{1}{4}\right) \times 20 = 25$	$\left(1+\dfrac{1}{6}\right) \times 42 = 49$	$\left(1+\dfrac{1}{8}\right) \times 72 = 81$	$(a+1)^2$
	P 白	$3+9=12$	$5+25=30$	$7+49=56$	$9+81=90$	$(a+1)(a+2)$
	p 白	$\left(1+\dfrac{1}{3}\right) \times 12 = 16$	$\left(1+\dfrac{1}{5}\right) \times 30 = 36$	$\left(1+\dfrac{1}{7}\right) \times 56 = 64$	$\left(1+\dfrac{1}{9}\right) \times 90 = 100$	$(a+2)^2$

续表 1

形	色	数字的确定				与首行关系
方棋	P黑	$6+9=15$	$20+25=45$	$42+49=91$	$72+81=153$	$(a+1)(2a+1)$
	p黑	$\left(1+\frac{2}{3}\right)\times15=25$	$\left(1+\frac{4}{5}\right)\times45=81$	$\left(1+\frac{6}{7}\right)\times91=169$	$\left(1+\frac{8}{9}\right)\times153=289$	$(2a+1)^2$
	P白	$12+16=28$	$30+36=66$	$56+64=120$	$90+100=190$	$(a+2)(2a+3)$
	p白	$\left(1+\frac{3}{4}\right)\times28=49$	$\left(1+\frac{5}{6}\right)\times66=121$	$\left(1+\frac{7}{8}\right)\times120=225$	$\left(1+\frac{9}{10}\right)\times190=361$	$(2a+3)^2$

方棋"P黑"行的91与"P白"行的190分别被黑、白两个四棱锥所取代。其中黑色棱锥由六层叠成,每一层均为底面为正方形的直棱柱。从第一层起,各层的两个相邻侧面分别标有6,36;5,25;4,16;3,9;2,4和1,1。在最上一层上底面,标有数91($=1+4+9+16+25+36$)。白棱锥由五层叠成。从底层开始,诸层两个侧面分别标有8,64;7,49;6,36;5,25和4,16。在最上一层上底面,标有190($=16+25+36+49+64$)。

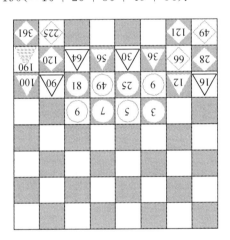 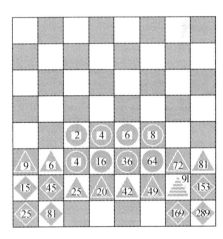

图 1 "数字棋"开局前黑白双方的布阵(上为白方,下为黑方)

二、布阵、走法与游戏规则

黑白双方各占据棋盘的8行64格。开局前,中间各有4行32格是空的。

所有棋子与象棋中车的走法相同。同一纵线上前后走,同一横线上左右走。任何棋子都不能斜走。棋子的游戏规则是:

规则一:如果在 A 与敌方的 nA 之间存在 n 个空格,并且轮到 A 走,则 A 吃掉 nA(图2);但 A 停在原处不动,而不是像象棋中那样占据 nA 的位置。如果两棋有相同的数,则必须间隔一个空格。

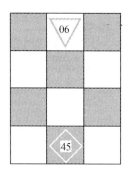

图 2

规则二：如果在同色棋子 A 和 B 之间有一敌方棋子 C，并且 C＝A＋B，则它们可吃掉 C 棋(图 3).

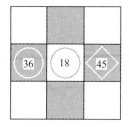

图 3

规则三：如果一棋被围在四个敌方的棋子中间，它就被对方吃掉(图 4).

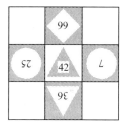

图 4

棱锥有几层，就等价于几个棋子，各层同样满足前面的游戏规则. 例如，轮到黑圆棋 6 走时，如果它与白棱锥在同一直线上，并且相隔 6 个空格，而 $6 \times 6 =36$ 是白棱锥的第三层，这时白棱锥有权赎身，黑方可在白棋子中吃掉一个 36. 但如果 36 已经被吃掉，那么黑棋就不能吃任何白棋了(16 世纪也有另外的规定，此时黑方可以随意吃掉白方某一子). 但如果是白棱锥的底层 64 受到攻击，则它将失去赎身的权利而整个被吃掉. 棱锥则可以利用它的各层来吃掉敌方的相应棋子. 显然，它的威力是很大的.

三、胜负约定

有两种约定:一是普通的,二是高雅的.普通约定:赢方必须拥有更多的棋子或更多的点数,还可以将两者结合起来.高雅约定有三类:

1. 较大胜利(La grande victoire).进入对方地盘且同在一条直线上的三子构成几何比、算术比或调和比.例如,图 5 中的三黑子 9,16,72 构成调和比.

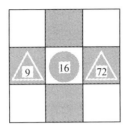

图 5

2. 重大胜利(La victoire majeure).进入对方地盘且同在一条直线上的四子中,有三个构成一种比例,同时有三个构成另一种比例.例如,图 6 中的四黑子 4,6,8,9,其中 4,6,8 构成算术比,同时 4,6,9 构成几何比.

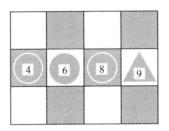

图 6

3. 最高胜利(La victoire suprême).在进入对方地盘且同在一条直线上的四子中,同时有三种比例.

不难验证,如果四个正整数 $a,b,c,d(a<b<c<d)$ 中,同时有三数成算术比、三数成几何比、三数成调和比,那么,它们应该满足
$$a=4t, b=6t, c=9t, d=12t$$
或
$$a=3t, b=4t, c=6t, d=9t$$

其中 t 为任意正整数.也就是说满足条件的数组应为 (4,6,9,12),(8,12,18,24),(12,18,27,36),… 或 (3,4,6,9),(6,8,12,18),(9,12,18,27),… 但在"数字战"的所有棋子中,我们找不出上述数组.因此最高胜利情形指的应是,有三

数成一种比例(算术、几何或调和比),三数成另一种比例,同时,其中两数之比与另两数之比相等. 例如,图 7 中的四黑棋 2,9,16,72,其中 2,9,16 构成算术比,9,16,72 构成调和比,同时 2∶9＝16∶72.

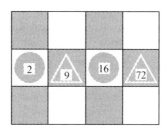

图 7

比例知识是中世纪教会学校数学课程的最重要内容之一,因此有理由相信,复杂的"数字战"乃是作为数学教学的辅助工具而被发明出来的.

参考资料

[1] O. Terquem. Notice sur la Rhythmomachie, ou comat de nombres. Nouvelles Annales de Mathématiques,1864,5:662.

[2] T. L. Heath. A History of Greek Mathematics. Oxford:Oxford University Press, 1921:101.

[3] D. E. Smith. History of Mathematics. Boston:Ginn and Company,1923: 198.

孪生素数幻方*

国王赐学者一笔金币，学者当众在王宫大厅把金币分成三纵三横九堆.上报每堆个数，刚好已构成三阶幻方.国王甚喜，还兴致勃勃要他进一步改为素数幻方.学者说："这不难，请大王再给九个金币，每堆加一个，就行了."一臣见状，走向九堆金币，说："且慢！"他在每堆中拿走一个金币，就已达到国王要求，王大喜.

问：国王赐给学者多少个金币？

一、素数幻方

故事的实质，是要找出九对孪生素数，使各自构成三阶幻方.

所谓幻方，就是一个 $n\times n$ 的方阵，里面各填上 n^2 个两两不同的（比如 1 到 n^2 这 n^2 个自然数）自然数，使每一行、每一列以及两对角线上的数字之和均相等.用素数构造幻方很不容易，文献记载的成功例子寥寥无几.三阶的记录常见有三例，中心元素分别为 71，59 和 359.其中中心元素为 71 的那个，是 20 世纪 20 年代上海交通大学数学系陈怀书教授所作，弥足珍贵.中心元素为较大素数 359 的那个，则是直到近年才出现在国内外出版物上.四阶素数幻方亦有两例，其幻和（即某一行或列的数

---

* 沈康身：《孪生素数幻方》，《科学》2003 年第 55 卷第 1 期.

之和）分别为 798（且所有元素以 7 结尾）和 1 404．

孪生素数是指相差为 2 的大小两素数，例如 3 与 5，5 与 7，等等．当然，每一素数加上 2，不一定是素数．上举五例幻方（图 1，图 2），每一元素加上 2 后，都不再是素数幻方．构造素数幻方已非易事，它们可谓幻方中的精品．而要找出九对孪生素数，使各自构成幻方（"孪生素数幻方"），真是难上加难．成功的例子是精中之精，堪称极品了．

83	29	101
89	71	53
41	113	59

149	479	449
659	359	59
269	239	569

47	113	17
29	59	89
101	5	71

图 1　三个三阶素数幻方

17	317	397	67
307	157	107	227
127	277	257	137
347	47	37	367

59	641	601	103
463	241	281	419
283	421	461	239
599	101	61	643

图 2　两个四阶素数幻方

二、孪生素数幻方的构造思路

在《几何原本》卷 9 命题 20，希腊哲人欧几里得指出并证明："素数个数无限．"在此无穷无尽的素数海洋里怎样选取其中几个，构造出素数幻方，甚至孪生素数幻方？

在大海捞针，命中率实在太小了．可以把幻方的性质与素数的性质作为构造孪生素数幻方的条件，从而大大缩小范围、明确目标，在无穷无尽的素数中筛选出有用的材料，再进一步探索．

记某一三阶素数幻方为幻方甲，幻方甲每一元素加上 2 所得幻方，称为幻方乙．

为构造幻方甲、乙都是素数幻方，有以下共识．

共识 1　从幻方性质知，幻方三行、三列、两对角线上各自三元共八组，它们的和（幻和）都应相等，因此它们各自末位数数字之和的末位数也应相等．

共识 2　从素数性质可知，幻方甲九个元素末位数数字应是除 5 以外的奇数（元素是个位数时，5 不应剔除）．

共识 3 为了构造孪生素数幻方,幻方乙各元素也都应该是素数.这就要求幻方甲九个元素末位数字中还应该剔除 3(若不计一位数元素),这就是说,作为孪生素数幻方之一的幻方甲的必要条件是:九个元素末位数字只能是 1,7 或 9(元素是个位数时,应剔除 1).这里只能有两种选择,否则与共识 1 矛盾:

(1) 只选其中之一,即九个元素全以 1,7 和 9 为末位数字.例如,前述以 359 为中心元素的那个三阶幻方全以 9 为尾.至今没有文献发表全以 1,7 为尾的幻方甲.

(2) 全选,即九个元素有的以 1 为尾,有的以 7 或 9 为尾(图 3),但必须以 9 作为中心元素的末位,且其末位数字分布只有一种情形(旋转、反射不算),即三行从左至右依次为:9,7,1;1,9,7;7,1,9(此方阵三行、三列、两对角线元素和的末位数字都等于 7),否则与共识 1 矛盾.

9	7	1
1	9	7
7	1	9

图 3　幻方甲末位数的分布

选取素数元素末位数字符合共识 3,只是构造幻方甲的必要条件,还应检验相应的幻方乙是否为素数幻方.这是构造孪生素数幻方的必经步骤.

下文以 9 为末位数字的中心元素为例.

共识 4 现在,设三阶方阵中心元素为 m,其他元素自左上方格的那个起,顺时针依次为 $p_1,p_2,p_3,p_4,q_1,q_2,q_3,q_4$(图 4).这九个数使方阵成为幻方甲,另一必要条件是 $p_i+q_i=2m, i=1,2,3,4$(注意这还不是充分条件).

p_1	p_2	p_3
q_4	m	p_4
q_3	q_2	q_1

图 4　构成幻方的一个必要条件
$$p_i+q_i=2m(i=1,2,3,4)$$

借助于共识 3,就能从素数的海洋里有目标地选取.如果选取以 9 为尾的素数作为中心元素 m,然后据共识 4,关于 $2m$ 排出 $m-2$ 个互为补数的数对:2,$2m-2$;3,$2m-3$;…;$m-1,m+1$.又在其中反复选取四对素数,使其末位数字是 1,7;7,1 或 9,9,即从共识 3,以 9 为尾取作中心元素的几种类型,记在该三阶方阵图中"米"字形位置.其次,审视方阵三行、三列、两对角线之和是否都有幻和等于 $3m$.如果回答是肯定的,那么方阵中九个元素已构成幻方甲.最后,又把它的九个元素都加上 2,如果九个和都是素数,那么已获得素数幻方乙.幻方甲、乙正是所求的孪生素数幻方.

从素数表查到小于 500、以 9 为尾的素数,共有 22 个,它们是:
19,29,59,79;109,139,149,179,199;229,239,269,299;349,359,389,409,419,439,449,479,499.

比如,检测素数 29:$m=29,2m=58$.在关于 58 的 27 对互为补数的数对中,都是素数的数对只有三对:5,53;11,47;17,41.不足四对,失效.

继续检测,当 $m=59$ 时,选取关于 $2m=118$ 为补数的素数数对中有四对:5,113;17,101;29,89;47,71,与中心元素 59 在一起,能够构成前述的三阶素数幻方.可把它的元素都加上 2,其中 49,115,91 都成为合数.事实上,第一对数末位数字之和包含 5,3,与共识 3 矛盾.检测又失败.

三、故事的答案和延伸

据国外文献,三阶孪生素数幻方已有发表.真是一枝独秀、极其难得(其中图 5(a) 中心元素为 149).从两幻方各自的幻和(甲的为 447)易于得到故事的答案.

239	17	191
101	149	197
107	281	59

(a)

241	19	193
103	151	199
109	283	61

(b)

图 5　一对三阶孪生素数幻方

故事还留下几个问题,值得进一步探索.

问题 1　三阶孪生素数幻方是否是唯一的?按照共识 3 中几种类型,能构造出别的孪生素数幻方吗?

近年文献已有四阶孪生素数幻方(图 6)记录,其中幻方(a)的所有元素均以 9 结尾,其幻和为 16 226.

29	7 349	5 849	2 999
6 299	2 549	4 049	3 329
4 259	3 539	6 089	2 339
5 639	2 789	239	7 559

(a)

31	7 351	5 851	3 001
6 301	2 551	4 051	3 331
4 261	3 541	6 091	2 341
5 641	2 791	241	7 561

(b)

图 6　一对四阶孪生素数幻方

问题 2　从素数海洋中怎样构造四阶孪生素数幻方?四阶孪生素数幻方是否只有孤例?

问题 3 是否存在五阶及五阶以上的孪生素数幻方?

素数幻方和孪生素数幻方还有许多值得探索、构造的规律.

参考资料

[1] 陈怀书. 数学游戏大观. 上海:商务印书馆,1923.

[2] A. Delesalle. Carré Magique. Paris:Presses de Vallan,1956.

[3] W. S. Anderson. Magic Squares and Cubes. New York:Dover Publications Inc. ,1990.

解一个古老的悖论

所谓悖论,是指导致矛盾而原因不明的推理.一般说来,在推理中导致矛盾不一定奇怪.数学中的反证法就是这样.区别在于,反证法有一个明确的假设,因而导致矛盾不奇怪,恰恰证明该假设不成立.但在一个悖论里,却看不出有什么特别的假设.明明导致了矛盾,却找不到个中的原因,如鲠在喉,令人不安.

一、一个古老的悖论

悖论中最古老也最有影响的,大概要数已有 2 000 多年历史的说谎者悖论.其一种陈述方式如下:

说谎者悖论　本卡片上的句子为假.

若卡片上的句子为真,则需要肯定其所述,因而该卡片上的句子为假,矛盾.反之,若该卡片上的句子为假,则需要否定其所述,因而该卡片上的句子为真,也矛盾.

中世纪以来出现的一个同类型的悖论是所谓双卡悖论:

双卡悖论
下面卡片上的句子为真.
上面卡片上的句子为假.

若上面卡片的句子为真,则需要肯定其所述,因而下面卡片的句子为真.故需要肯定下面卡片的句子之所述,因而上面

---

* 文兰:《解一个古老的悖论》,《科学》2003 年第 55 卷第 4 期.

卡片的句子为假,矛盾.反之,若上面卡片的句子为假,则需要否定其所述,因而下面卡片的句子为假.故需要否定下面卡片的句子之所述,因而上面卡片的句子为真,也矛盾.

这两则推理都导出了矛盾,却看不出做了什么特别的假设.自古以来,关于说谎者悖论的解答就很多,尤具影响的是现代塔尔斯基的语言分层理论和克里普克(S. Kripke)的三值逻辑理论[1-9].最近,笔者对这类悖论找到了一种不同的解答[10],既不是语言分层的,又保持通常的二值逻辑.其要点是:

要点 说谎者悖论的推理中隐藏着一个假设.粗略揭示这一点并不很难.准确阐明这一点则需在语言学中建立类似于代数学的一些基本概念.

本文的目的就是"粗略揭示这一点".主要依据是笔者最近发现的一个"三卡悖论"[10].本文将着重分析这一"三卡悖论",并直接导出对说谎者悖论的解答.当然,一个悖论,一旦被发现有什么隐藏的假设,就无异于釜底抽薪,而不再是什么"悖论".从这种意义上讲,指出隐藏的假设,是对一个悖论最彻底的解答.

二、"三卡悖论"的秘密

"三卡悖论",顾名思义,就是由三张卡片"参与"的悖论,如下所述:

"三卡悖论"

第二张卡片上的句子为真,且第三张卡片上的句子为假.

或者第一张卡片上的句子为假,或者第三张卡片上的句子为真.

第一张和第二张卡片上的句子都为真.

这一悖论含有"且"和"或"这两个逻辑联系词,看上去更富于逻辑色彩,其推理也不免复杂一些.

设第一张卡片的句子为真.由其所述,第二张卡片的句子为真,第三张卡片的句子为假.这样一来,第三张卡片的句子之所述就被肯定了,因而第三张卡片的句子为真,矛盾.这一矛盾证明,第一张卡片的句子必为假.

于是,第二张卡片的句子之所述就被肯定了,因而第二张卡片的句子为真.又,第三张卡片的句子之所述就被否定了,因而第三张卡片的句子为假.但这样一来,第一张卡片的句子之所述就被肯定了,因而第一张卡片的句子为真,与已经证明了的"第一张卡片的句子必为假"矛盾.至此已穷尽所有可能而皆遇到矛盾.

这个"悖论"的陈述和推理都和说谎者悖论与双卡悖论类似,为又一说谎者型悖论.

但这个"三卡悖论"从何而来？该推理有点复杂,它是怎样被发现的？

为揭示其秘密,首先将"三卡悖论"用符号重述一遍.用 A,B,C 分别表示这三个句子.于是,A 意即"B 为真且 C 为假",B 意即"或者 A 为假,或者 C 为真",C 意即"A 和 B 都为真".再用 T 表示"为真",F 表示"为假".最后,用":="表示"意即".于是,用符号陈述,"三卡悖论"就是下面的三个"意即"关系式

$$\begin{cases} A := BT \wedge CF \\ B := AF \vee CT \\ C := AT \wedge BT \end{cases}$$

其中"$\vee$"表示"或","$\wedge$"表示"且".也许会有论者把 $A := BT \wedge CF$ 这样的"意即"关系,简单地视作相等关系 $A = BT \wedge CF$.本文所有结论,在这种简化的理解下,当然将更成立.不过本文不打算把"意即"和"相等"等同起来.实际上,下一节的第 4 点会提到,"意即"关系允许不同的语义解释.

为慎重起见,上述"意即"关系还是暂不作为已经验证的,而作为有待验证的为好.换句话说,暂作为"意即方程"为好,即写为

$$\begin{cases} X := YT \wedge ZF \\ Y := XF \vee ZT \\ Z := XT \wedge YT \end{cases}$$

当然,把一个"关系式"视作一个"方程",并不排除该关系以后被验证的可能性.因此这样做并不损失什么,只不过慎重一些.

现在来揭示"三卡悖论"的秘密:在设计这个"三卡悖论"时,笔者手边写有如下一个布尔无解方程组的推理.

"三卡悖论"的布尔模型 下列布尔方程组

$$\begin{cases} x = y\bar{z} & (1) \\ y = \bar{x} + z & (2) \\ z = xy & (3) \end{cases}$$

无解.

证明并不复杂:假设有解,即假设有三个已知数 x,y,z 满足方程,现来推导矛盾.设 $x=1$,由方程(1),得 $y=1,z=0$.这样一来,由方程(3),得 $z=1$,矛盾.这一矛盾证明,必有 $x=0$.于是,由方程(2),得 $y=1$.又由方程(3),得 $z=0$.但这样一来,代入方程(1)就得 $x=1$,与已经证明了的 $x=0$ 矛盾.此矛盾证明该布尔方程组无解.证毕.

这个布尔方程组与上面的"三卡悖论"很相像.当然表面上也有明显的差别:从问题的陈述看,布尔方程组中有"无解"这一宣称,而"三卡悖论"没有.从推理看,布尔方程组中有一个标准的反证法框架,即"假设有解,我们来推导矛盾"的帽子,和"此矛盾证明无解"的尾巴,而"三卡悖论"没有.

实际上,笔者所做的,正是把该布尔方程组的推理翻译成日常语言,即将 $x=1$ 翻译成"第一张卡片的句子为真",将 $y=0$ 翻译成"第二张卡片的句子为假",等等,只是在问题的陈述中删去了"无解"的宣称,在推理中删去了该帽子和该尾巴.于是,布尔代数里一则好端端的反证法,变成了一则导致矛盾但原因不明的推理,即一个"悖论".

但是,全部问题在于删去这些东西并不影响该推理的逻辑本质.首先,在问题的陈述中删去"无解"的宣称不影响推理的本质,因为宣称不过是宣称,推理尚未开始.其次,删去"假设有解,我们来推导矛盾"的帽子也不影响推理的本质.因为该帽子也只不过是一个宣称,推理仍未开始.最后,删去"此矛盾证明无解"的尾巴也不影响推理的本质,因为该推理已经结束.因此,"有解"这一假设本质上并没有被删去,只是变得隐晦了.众所周知.该布尔推理之所以推导出矛盾,是由于假设了"有解".因此,"三卡悖论"的解答就必然是:

"三卡悖论"的解答(非正式形式) "三卡悖论"之所以推导出矛盾,是因为假设了"有解".这一假设是隐蔽的、不易发现的.

人们从来认为,无解布尔方程与说谎者型悖论,从逻辑上讲是不同的两类对象;从来认为,在一个无解布尔方程里推导出矛盾,是因为假设了"有解".而在一个说谎者型悖论里,除了语言学和逻辑学的基本准则,没有任何特别的假设.因而前者为正常的反证法,而后者为悖论."三卡悖论"的秘密说明,事情并非如此.

三、说谎者悖论的解答

以上对"三卡悖论"的分析是笔者立论的基础,由此产生以下推论.

1. 说谎者悖论的非正式解答

说谎者悖论和"三卡悖论"有同样的秘密.用 X 表示该句,则说谎者悖论用符号陈述就是一个"句方程"
$$X := XF$$
其对应的布尔方程为
$$x = \bar{x}$$
同样地,双卡悖论用符号陈述就是两个"句方程"
$$X := YT$$
$$Y := XF$$
其对应的布尔方程为
$$\begin{cases} x = y \\ y = \bar{x} \end{cases}$$

容易验证,这两个悖论的推理,就是相应的布尔推理的逐字逐句的翻译,只是删去了"假设有解,我们来推导矛盾"的帽子,和"此矛盾证明无解"的尾巴(这里所谓"翻译"是就逻辑而言,而不是就历史而言.若就历史而言,说谎者悖论要比布尔先生早 2 000 多年).因此,说谎者悖论的解答必然是:

说谎者悖论的解答(非正式形式)　说谎者导论之所以推导出矛盾,是因为假设了"有解".

2. 说谎者悖论的正式解答

以上对说谎者悖论的解答是非正式的.尚需说明该怎样翻译"有解"这一术语.在设计"三卡悖论"时,已将推理的主体(也是推理的实质部分),由布尔代数翻译成了日常语言.现在需要将帽子和尾巴里涉及的"有解"这一术语也翻译过来."解"的概念归结为"已知数"和"方程"这两个概念(代数学中,所谓"解"就是满足方程的已知数),这是需要做些准备的.语言学中至今还没有相应的"已知句"和"句方程"的概念.需要严格地建立起这些类似于代数学的基本概念,然后才能最后完成这一翻译.

假定这些概念已经严格建立(下面第 5 点中将再谈到这些概念的建立),从而"已知句""未知句""句方程""句解"这些概念都有了,于是就可以陈述说谎者悖论的正式解答了.

说谎者悖论的解答(正式形式)　说谎者悖论是一个句方程.之所以推导出矛盾,是因为假设了该句方程有句解.换句话说,该句方程无句解,即不存在任何已知句自己说自己为假.

原来,这一古老的说谎者悖论的解答就是其自身的否定,只不过加了"已知"二字!这样的解答简直像开玩笑.但这确是正确的解答,正如同断言"不存在任何已知数满足 $x=x+1$",只是对 $x=x+1$ 自身的否定,加了"已知"二字(此外我们还能说什么呢).

3. 数不清的说谎者型悖论

读者若是愿意的话,可以设计出随便多少个这样的说谎者型"悖论",与适当的无解布尔方程组相对应.说谎者悖论、双卡悖论和"三卡悖论"只是其中最简单的三个.卡片的数量可以要多大有多大,推理的过程可以要多复杂有多复杂.实际上,要不是借助布尔代数,人们根本想不到,在语言学中,有数也数不清的这么多说谎者型的"悖论".所有这些"悖论"都有同样的秘密,因而有同样的解答.特别地,布尔代数中判别无解方程组的法则,自动给出了语言学中判别说谎者型"悖论"的法则.

4. 说真话者

如上述,如果对应的布尔方程组无解,一组句子就构成说谎者型"悖论".那么,如果对应的布尔方程组有解呢?这里是一个称为"说真话者"的著名例子:

说真话者 　　本卡片上的句子为真.

用符号陈述,这也是一个"句方程"$X := XT$,其对应布尔方程为 $x = x$,作为布尔方程当然有解.因此,用布尔代数诊断不出这个句方程有任何问题.

但这个"说真话者"总让人感到有点不对劲.关于这个句方程的分析可参见文[10].根据那里的分析,这个句方程在"意即"关系的某些语义解释下有句解,而在另外某些语义解释下没有句解.这是一个仅用布尔代数诊断不出来的事实.布尔代数的诊断不像语义分析的诊断来得细致,它像是一位只带着一支迟钝的、不到 42 ℃ 不显示的体温计的医生.如果它说"没病",不见得当真没病.它对"说真话者"的诊断就是这样(但是,如果它说"有病",问题一定相当严重.它对说谎者型悖论的诊断说明,那里出现的矛盾是严重的布尔逻辑性质的.在这个意义上,说谎者型悖论不仅是语义悖论,而且是逻辑悖论).

5. 公理化工作

至此,笔者已解说了文[10]的主要思想.进一步要做的,一是严格地或者说公理化地建立"意即"和"已知句"这两个基本概念.其他像"未知句""句方程""句解"这些概念就可以派生出来.二是严格地建立说谎者型悖论和无解布尔方程组之间的对应.这些想法都很自然,但公理化式的工作还是颇费事的,这里从略(详见文[10]).

四、说谎者悖论的启示

说谎者悖论给人们的启示首先是,区分已知对象和未知对象是何等重要.在代数学里,像 $x = x + 1$ 这样的方程毫不奇怪.但设想一下,假如有个人,从未听说过已知数和未知数的区别,他就会惊呼:"真怪!这个数竟等于它自身加 1!"这好像很荒唐.但若真有个"外星人"这样惊讶,我们肯定会解释道:"噢,这不奇怪,这个 x 只是个'未知数',而不是个'已知数'.或者说,这只是个有待验证的式子,而不是个已经验证的式子."可见,若不能区分已知数与未知数,本来毫不足奇的等式 $x = x + 1$ 就会变得无法理解,就会成为一个"悖论"!不仅等式,像 $x > x + 1$ 一类的不等式也会成为"悖论".

事实上,说谎者悖论所提出的问题具有普遍的哲学意义:对于任何一种关系,无论是等于关系、大于关系,还是上述语言学中的"意即"关系,如果不能区分已知对象和未知对象,从而不能区分有待验证的关系和已经验证的关系,本来毫不足奇的许多关系式都会成为"悖论". 一句话说到底,说谎者悖论之所以成为"悖论",就是因为把关系式 $X := XF$ 中的未知句 X(即说谎者悖论陈述中所说的"本卡片上的句子")当成了已知句. 这和上面设想的那个人把 $x = x + 1$ 中的未知数 x 当成了已知数,本质上是一样的.

顺便指出,有一种看法认为,谓词"为真"是导致这类矛盾的原因. 这种看法不是很有说服力. 如上所述,只要不能区分"已知数"与"未知数",类似的"悖论"甚至可以在代数学里出现,而代数学里并没有谓词"为真". 还有一种看法认为,"自指"是导致这类矛盾的原因. 这种看法也不是很有说服力. 代数学里有大量像 $x = x + 1$ 和 $x = 2x + 1$ 这样的"自指"关系. 不论有解无解,没有一个是"悖论".

说谎者悖论给人们的另一个启示是,已知与未知的区别其实非常微妙. 即使现在指名道姓点出,说谎者悖论的推理中隐含地假设了"有解",即隐含地假设了有关句子的"已知性",你仍难以看出,在其寥寥两行推理中,这一假设究竟用在了何处. 真所谓瞒天过海. 为此,笔者仔细检查了"三卡悖论",发现同样不易看出这一假设用在了何处. 再退回去检查相应的布尔推理,不得了,竟也看不出 x, y, z 为已知数的假设用在了何处(请读者检查一下该布尔推理,看看是否如此). 这已经是代数问题了,我们确信这一假设必定用在了某处(翻译成文字就可以知道"已知句"假设在说谎者推理中用在了何处),却居然寻得它苦! 代数问题尚且如此,更遑论语言学里的说谎者悖论了. 难怪该假设在说谎者悖论里隐藏了 2 000 多年. 这显示了"已知性"问题有多么微妙,也使我们对一位 2 000 多年前的先驱者充满了敬意. 那是在代数学诞生前的 1 000 多年,不要说"已知句",恐怕连"已知数"的概念都不知在哪里.

"已知句"和"句"的概念 本文解说的核心概念为"已知句". 但所谓"已知句",也就是"句". 正如所谓"已知数",也就是"数". 冠以"已知"二字只为强调之意. 故本文粗略解说的(也即文[10]公理化地界定的)"已知句"的概念,其实就是"句"的概念. 正如集合论中必须严格界定"集"的概念,否则要出罗素一类悖论. 本文说明,语言学中必须严格界定"句"的概念,否则要出说谎者一类悖论. 实际上,正如在集合论中,"不以自己为元素的集的全体"不构成一个集,在语言学中,"本卡片上的句子为假"也不构成一个(已知)句.

"一位古代的逻辑学家,科斯的菲利塔斯(Philetas of Cos),相传因苦于无法解答说谎者悖论而过早地抑郁而死."[2]

谨以此文纪念这位传说中的人类逻辑思维的英雄.

(本文写作过程中得到张景中院士的关心和鼓励,特此致谢.)

参考资料

[1] J. Barwise, J. Etchemendx. The Liar. Oxford: Oxford University Press, 1987.

[2] N. Falletta. The Paradoxicon. New York: John Wiley & Sons Inc., 1990.

[3] H. Kirkham. Theories of Truth. Cambridge: MIT Press, 1995.

[4] S. Kripke. The Journal of Philosophy, 1975, 72: 690.

[5] R. Martin. Recent Essays on Truth and the Liar Paradox. Oxford: Oxford University Press, 1984.

[6] B. Mates. Skeptical Essays. Chicago: The University of Chicago Press, 1981.

[7] R. Sainsbury. Paradoxes. New York: Cambridge University Press, 1995.

[8] K. Simmons. Universality and the Liar. New York: Cambridge University Press, 1993.

[9] A. Tarski. Logic, Semantics, Metamathematics. Indianapolis: Hackett Publishing Company, 1983.

[10] L. Wen. The Mathematical Intelligencer, 2001, 23: 43.

[11] H. Kahane, P. Tidman. Logic & Philosophy: A Modern Introduction. Belmont Wadsworth Publishing Company, 1995.

[12] E. Mendelson. Introduction to Mathematical Logic. Belmont: Wadsworth & Brooks/Cole Advanced Books & Software, 1987.

数学之美如同西子[*]

2006年6月30日至7月2日,"中国数学科学与教育发展论坛"在杭州召开,迎来了数学家70余人(其中中科院院士10人).会议期间讴歌数学之美,佳话频传.论坛领导丘成桐发表诗篇"小立断桥",称颂庞加莱猜想的靓丽.王元、杨乐、季理真联合署名为杭城新闻媒体题词:"数学之美如同西子,令人陶醉."这使笔者想起北宋文学家苏轼(1037—1101)曾在杭州任知府.他陶醉西湖之美,名诗脍炙人口:"水光潋滟晴方好,山色空濛雨亦奇.欲把西湖比西子,淡妆浓抹总相宜."后人在孤山中山公园建造亭子,取苏诗中"山、水、晴、雨、好、奇"六字制成对联:"山山水水处处明明秀秀,晴晴雨雨时时好好奇奇."道尽西湖空间、时间的永恒之美.

论坛期间笔者与会,做题为"中算揽胜"一小时演讲.浙江大学数学科学中心演讲厅济济一堂.讲词突出两方面.其一,在数学史发展长河中中国传统数学家的多项"世界纪录".其二,中国传统数学绰约多姿、美不胜收.讲词第一方面内容当另文申述,笔者结合外国成果,增订第二方面内容撰写本文.

一、美在和谐

和谐就是协调、统一、秩序.在数学中不论是空间形式还是数量关系,各个分支所有命题、公式虽然各有个性,却彼此从不

---

[*] 沈康身:《数学之美如同西子》,《科学》2007年第59卷第2期.

矛盾.即使条件变了,命题的形式还能通过对称、对偶、对应等手段和谐地变化着,旧貌与新颜之间恰如其分地前后统一、非常协调.

直角三角形内切圆与旁切圆直径　元代李冶《测圆海镜》(1248)指出直角三角形内切圆、旁切圆直径与勾(a)、股(b)、弦(c)长的关系,并做出证明. D 是内切圆直径, D_a 则是 a 边上的旁切圆直径,依此类推有 D_b, D_c. 于是有公式

$$D = \frac{2ab}{a+b+c}, D_a = \frac{2ab}{-a+b+c}, D_b = \frac{2ab}{a-b+c}, D_c = \frac{2ab}{a+b-c}$$

在与三边相切不变的前提下,把圆的位置从三角形内移到形外,四种直径公式却如此协调.

直角三角形、三直角四面体边长与面积的平方
《九章算术·勾股》(公元前2世纪)完整地记载了勾股定理.长期居住在蓝色多瑙河畔乌姆城的德国学者福尔哈贝尔(J. Faulhaber)在专著《算术指南》(1614)有一与勾股定理相对应的、关于三直角四面体(图1)的定理:$(S_{\triangle ABC})^2 = (S_{\triangle AOB})^2 + (S_{\triangle AOC})^2 + (S_{\triangle BOC})^2$.

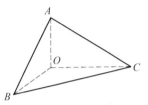

图1　三直角四面体
(关于4个面的面积有类似勾股定理的关系)

三角形的面积与四面体的体积　在直角坐标系中, $\triangle ABC$ 的三顶点坐标为 $A(x_1, y_1)$, $B(x_2, y_2)$, $C(x_3, y_3)$,那么其面积

$$S_{\triangle ABC} = \frac{1}{2} \begin{vmatrix} x_1 & y_1 & 1 \\ x_2 & y_2 & 1 \\ x_3 & y_3 & 1 \end{vmatrix}$$

四面体 $ABCD$ 在空间直角坐标系中四顶点坐标为 $A(x_1, y_1, z_1)$, $B(x_2, y_2, z_2)$, $C(x_3, y_3, z_3)$, $D(x_4, y_4, z_4)$,那么体积

$$V_{ABCD} = \frac{1}{6} \begin{vmatrix} x_1 & y_1 & z_1 & 1 \\ x_2 & y_2 & z_2 & 1 \\ x_3 & y_3 & z_3 & 1 \\ x_4 & y_4 & z_4 & 1 \end{vmatrix}$$

设 $\triangle ABC$ 三边长为 a, b, c,那么有

$$16 S^2_{\triangle ABC} = \begin{vmatrix} 0 & 1 & 1 & 1 \\ 1 & 0 & a^2 & b^2 \\ 1 & a^2 & 0 & c^2 \\ 1 & b^2 & c^2 & 0 \end{vmatrix}$$

这个行列式是秦九韶三斜求积公式(《数书九章》,1247)的另一种说法.

已给四面体 $ABCD$ 三双对棱长 a, a_1, b, b_1, c, c_1,那么

$$288V_{ABCD}^2 = \begin{vmatrix} 0 & 1 & 1 & 1 & 1 \\ 1 & 0 & a^2 & b^2 & c^2 \\ 1 & a^2 & 0 & c_1^2 & b_1^2 \\ 1 & b^2 & c_1^2 & 0 & a_1^2 \\ 1 & c^2 & b_1^2 & a_1^2 & 0 \end{vmatrix}$$

二、美在奇巧

不少数学现象似视梦幻,不能成真;或是偶然中之必然,猜想而已.事实胜于雄辩,猜想却是千真万确.犹如看了一场杂技表演,梦幻成真,你能不感染其奇巧之美,为之喝彩叫好吗?

牟合方盖 没有刘徽(263年前后)、祖暅(7世纪)的相继勤奋探索,谁能相信,经过纵横两次截取立方体(边长为 D)后造型如此奇特的牟合方盖(图2)的体积恰好是 $\dfrac{2D^3}{3}$. 刘、祖的千古绝唱"缘幂势既同,则积不容异"早于卡瓦列里(B. Cavalieri,1598—1647)1 000 年!正由于刘徽已指出同高处牟合方盖与内切球截面面积之比处处等于 $4:\pi$,因此华夏数学家轻取球积公式 $V_{球} = \dfrac{\pi D^3}{6}$.

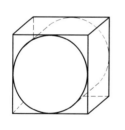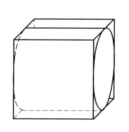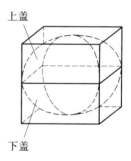

图 2　纵横两次截取立方体的牟合方盖

多边形面积相等则拼补相等 刘徽用"以盈补虚,出入相补原理"严格证明了大量多边形面积公式.比如用拼补的巧妙方法证明勾股定理,在数学史上属于首创.经过长期钻研,匈牙利的波尔约于1832年语出惊人:"多边形面积相等则拼补相等",并做出细致的证明.其中关键的一则是"面积相等的两长方形拼补相等".这个至今犹感新奇的定理是这样证明的:把一个长方形划分成 4 块,然后再拼补成与之等积的另一长方形.

幻方 幻方的发明权属于中国.先秦典籍《书经·洪范》已明确记载洛书图,即三阶幻方(图 3(a)).幻方本身构成 8 对和都是 15 的三数组,已够得上变幻莫测.洛书图还有三怪:(1) 上、下行,左、右列各自三数平方和相等;(2) 顺时

针 $3,9(=3^2),27(=3^3),81(=3^4)$,逆时针 $2,4(=2^2),8(=2^3),16(=2^4)$;(3) 三行、三列、三条左-右对角线数字组成的三位数构成回文二阶等幂和数组,例如 $492^2+357^2+816^2=618^2+753^2+294^2$,…. 我们知道 $1\sim 9$ 为元素的三阶幻方只有一种,但经过旋转、对称还有其他 7 种形式,唯独洛书图同时具备上面的性质.

南宋杨辉《续古摘奇算法》(1275)还讲述了幻方构造法创作 $4\sim 10$ 阶幻方多种,其中四阶幻方(图 3(b))除了幻方属性,也有三怪:(1) 左上、左下、右上、右下四元四方阵各有和 34;(2) 上二行、下二行、一三行、二四行、二主对角线、非主对角线上各自 8 数平方和都等于 748;(3) 二主对角线、非主对角线上各自 8 数立方和都等于 9 248. 德国画家丢勒(A. Dürer)的名画《沉思》(1514)中也有同种四阶幻方(图 3(c)),但这已晚于杨辉 200 多年.

数学大师欧拉构作过一个奇妙无比的五阶幻方(图 3(d)). 1911 年第 11 版《大英百科全书》"幻方"专题的作者在文章结尾时说:"在不同作者所构造的许许多多美妙机智的作品中,我把发表在《柏林皇家科学院院报》(1759)上欧拉的幻方代表本文总结." 为什么作者如此推崇这一幻方?这是因为除了它是对称幻方(即关于中心 13 对称两元素的和都是 26),还有一个特异性质:从元素 1 开始,以自然数为序、按马步指向 $1,2,\cdots$ 至 25 个元素,时上时下、忽左忽右,其结果恰好走完全局,无一重逢,也无一空格. 怎不令人拍案惊奇!

4	9	2
3	5	7
8	1	6

(a)

4	9	5	16
14	7	11	2
15	6	10	3
1	12	8	13

(b)

16	3	2	13
5	10	11	8
9	6	7	12
4	15	14	1

(c)

23	18	11	6	25
10	5	24	17	12
19	22	13	2	7
14	9	2	21	16
1	20	15	8	3

(d)

图 3 历史上几种著名的幻方

斐波那契数列与平方数 斐波那契《计算之书》(1202)中那一对兔子问题引起了后世数学家的关注,数以千百计的有关论文推陈出新. 柯召在 1965 年证明斐波那契数列 $\{u_n\}=1,1,2,3,5,8,\cdots$(满足 $u_1=u_2=1,u_{n+1}=u_{n-1}+u_n$)中只有两个平方数:$u_1=u_2=1,u_{12}=144$. 似乎 $\{u_n\}$ 对平方数是那么寡情,但是另一方面却又情有独钟. 信不信由你:(1) 所有以奇数 n 为序数的 u_n 都是两平方数之和(如 $u_{11}=89=5^2+8^2$),序数 n 为偶数时,则 u_n 都是两平方数之差(如 $u_{12}=144=13^2-5^2$);(2) $u_{n+p}u_{n-p}=u_n^2-(-1)^{n-p}u_p^2$(例如 $n=5,p=3,u_8u_2=u_5^2-(-1)^{8-2}u_3^2$,即 $21\times 1=5^2-2^2$);(3) 任取相继三数 u_{n-1},u_n,u_{n+1},那么 $p=$

$4u_{n-1}u_n u_{n+1}$ 与 u_{n-2},u_n,u_{n+2} 乘积加 1 都是平方数(例如 $n=13,4u_{12}u_{13}u_{14}=50\ 596\ 416$,于是 $u_{11}p+1=67\ 105^2,u_{13}p+1=108\ 577^2,u_{15}p+1=175\ 681^2$).

完美正方形 能分成有限个大小不同的正方形,彼此不重叠、也无空隙的正方形称为完美正方形,构造出完美正方形是人们由来已久的良好愿望.伊丽莎白小姐珠宝盒上的图案就是一例(图 4(a)).遗憾的事是出现一条 $10 \times \frac{1}{4}$ 的空隙.三次方程求根公式发明人之一塔尔塔利亚(N. F. Tartaglia,1499—1557)也有一例(图 4(b)),可是并未满足"大小不同"那个条件.苏联科学院院士卢津(N. N. Luzin,1883—1950) 考虑有失,1930 年,在为比利时青年关于伊丽莎白小姐珠宝盒上图案研究的论文作按时说:"把正方形分割成不同的正方形是不可能的."就在那硝烟弥漫欧洲的 1939 年,德国斯布拉克(R. Spraque) 率先发表 $S_{55}(4\ 205)$.这里用 $S_m(n)$ 表示边长为 n 的完美正方形中含有小正方形 m 个.事实已否定卢津的判断.经过学者们不懈探索,m,n 相继减少.经过近 30 年漫长历程,特别是在计算机科学的兴起后,荷兰青年杜基夫斯托金(A. J. W. Duijvestuijn) 终于证明 $m \geqslant 21$,并指出 $m=21$ 存在唯一的构造 $S_{21}(112)$(图 4(c)).因此对完美正方形的研究就画上了圆满的句号.

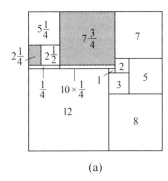 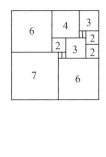 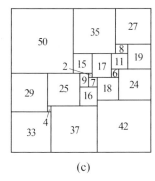

图 4 "准"完美正方形与完美正方形

19 世纪数学界对欧几里得综合几何研究得到很多新成果,形成近世几何.这里举例三则.

蝴蝶定理 过 $\odot O$ 弦 AB 的中点 M 引任意两条弦 CD,EF,连 CF,ED 交弦 AB 于点 P,Q,那么 $PM=MQ$(图 5).

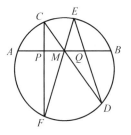

图 5 蝴蝶定理

19 世纪欧洲有一种畅销杂志《女士与绅士日记》,经常刊登问题征解.有些成为一再为人津津乐道的历史名题.此题发表在 1815 年,是以数值解多项式方程获得盛誉的霍纳(W. G. Horner,1786—1837) 为定理给出第一个证明(1816),但是推导非常烦琐.100 多年来人们对此定理推导的简化特别感兴趣,新证迭起.定理的插图正像一只翩翩起舞的蝴蝶,因此以蝴蝶名为题.1973 年,斯台文(D. Steven) 的面积构造恒等式方法最为简约,其实严济慈《几何证题法》(商务印书馆 1937 年出版)中的轴对称方法也十分简练.

费尔巴哈定理 三角形的九点圆与内切圆相切,也与旁切圆相切.九点圆就是过三角形三边中点、三条高的垂足,以及垂心与三顶点连线之中点的圆.这是德国的费尔巴哈(K. W. Feuerbach,1800—1834)在专著《三角形某些特征点性质》中的一个命题.

费尔巴哈在 1822 年获博士学位.因健康原因,28 岁时从中学教学岗位上退休,后不幸英年早逝.定理揭示出三角形的如此奇特现象,真令人惊心动魄.《数学史概论》作者伊夫斯(H. Eves)对此评论说:"费尔巴哈定理是人们理所当然认为的几何中最奇巧的定理之一."

费尔巴哈的证明用的是定量计算.九点圆圆心与三角形内心的距离等于两圆半径之差,与三旁心的距离分别等于两圆半径之和.命题就得到证明.论述确实令人折服,但也有美中不足之处:其一,篇幅太大,引理太多,公式星罗棋布,使人目不暇接;其二,知五圆相切,但是未指出切点的确切位置.费尔巴哈的证明收入史密斯(D. E. Smith)的《数学文献》(1929),全文共计 4 章,8 页.日本学者矢野健太郎(1912—1993)对定理改为定性推导(1963),指出九点圆与三角形内(旁)切圆在哪里相切.整个证明出奇制胜,环环紧扣.

莫利定理 在三角形中,贴近于三边的内角三等分线两两相交,三个交点是正三角形的顶点.

莫利(F. Morley,1860—1937)在英国出生,在美国度过他的后半生,多半时间在霍普金斯大学当教授.他治学严谨,棋艺也超群,曾战胜当时世界冠军而声名鹊起.他是《左翼的雷声》的作者、小说家莫利(C. Morley)的父亲.19 世纪末,他在给友人的通信中提出了后来被称为莫利三角形的命题.一时成为世界范围内数学界茶余酒后的美谈,议论纷纷:对命题不能证实,也无法否定.10 年后才在美国《教育时报》发表篇幅很大、添辅助线很多的首证.以后新证迭起,《美国数学月刊》开列清单,至 1978 年 9 月止,全世界对此定理的有关论文超过 150 篇(不含中国与苏联的成果).《月刊》称誉本题"是数学中最令人吃惊又全然意外的定理之一,鲜有能与之匹敌者".畅销书《古今数学思想》第 35 章对综合几何做简短述评,其中特厚莫利定理:"此题新奇处在于涉及角三等分线,因为直到 19 世纪中叶只有圆规、直尺可作那些元素才是合法的.这确实是这个定理姗姗来迟的原因."

在数以百计的证法中,以广西梧州高级中学教研组的定量证法(发表于 1954 年《数学通报》)最为简洁.其中动用了三角函数.限于篇幅此处亦略.

三、美在简练

数学研究要着之一是避重就轻、以简取胜. 千言万语说不清,千头万绪虽理还乱. 如果处理得当,"一言以蔽之",这就是优美解. 靓丽的命题配有"虽寥寥数语,却入木三分"的证明,珠联璧合,相得益彰.

更相减损 《九章算术·方田》已明确指出"以少减多,更相减损,求其等(最大公约数)也". 刘徽注中又言简意赅地做出证明:"其所以相减者,皆等数的重叠,故以等数约之." 我国古代用更相减损求两数 a,b 的最大公约数 (a,b),一般说:$(a,b)=(a-b,b)=(c,b)=(c,b-c)=\cdots=(g,g)=g$(这里假定差都是正数). 刘徽注是说一系列减法中,括弧中两数都是最后出现两等数 (g) 的重叠(倍数),而 g 又是自己的最大约数. 刘徽的见解比欧几里得《几何原本》第 7 卷有关命题的证明更为周到. 1982 年 8 月,中国科学史国际会议在比利时鲁汶市召开. 中科院的李文林教授与笔者不约而同都论述了刘徽的这一业绩. 李文林还风趣地说:"是否因欧几里得名气太大了,过去没有人在意?"博得包括李约瑟(J. Needham)在内的与会代表很大的兴趣.

用更相减损求 n 个数的最大公约数,比用素因数分解方便,例如:$(1\,008, 1\,260, 882, 1\,134) = ((1\,008, 1\,260), 882, 1\,134) = (252, 882, 1\,134) = ((252, 882), 1\,134) = (126, 1\,134) = 126$. 还有如求证"相继两自然数 $n, n+1$ 互素",一般用反证法. 如果用更相减损,还有比这更简单的证法吗?一步到位:$(n, n+1) = (n, 1) = 1$,证毕.

刘徽消息 刘徽在《九章算术·圆田》注中,以直径为 2 尺的圆,从内接正六边形,倍增边数,依次计算到正 96、正 192 边形的面积,他得到 12 位有效数字. 经过细致比较后,从此获得消息(从 $S_6, S_{12}, S_{24}, \cdots, S_{192}$,他敏锐地发现,差 $B_1 = S_{12} - S_6, B_2 = S_{24} - S_{12}, \cdots, B_5 = S_{192} - S_{96}, \cdots$ 的比 $B_2:B_1, B_3:B_2, \cdots, B_5:B_4, \cdots$ 都渐近于 $\frac{1}{4}$,这里 S_n 是外接圆半径为 1 的正 n 边形的面积),就从精度较低的近似数,不经过复杂的计算,简便地得到高精度近似值. 刘徽的这种计算方法就是今称外推极限法,由此他获得

$$S_{3\,075} \approx S_{96} + (S_{192} - S_{96})\left(1 + \frac{1}{4} + \frac{1}{4^2} + \frac{1}{4^3}\right) = 314\frac{4}{25}$$

其中 S_{96}, S_{192} 刘徽分别取为 $313\frac{584}{625}, 314\frac{64}{625}$.

这就是说,在 3 世纪时,我国已有五位有效数字的圆周率 $\pi \approx 3.141\,6$,优于阿基米德的 $3\frac{10}{71} < \pi < 3\frac{1}{7}$(三位有效数字).

方程术 《九章算术·方程》含18道题,全是线性方程.解法称为方程术,即今称高斯消去法.把线性方程组系数及常数项排成方阵(程),用消去法逐步消元.方程术的两种主要步骤:把系数矩阵有目的地消元成三角矩阵,然后回代就得到所求答数.下面是《九章算术·方程》第1题用现代数学语言的实录

$$\begin{bmatrix} 1 & 2 & 3 \\ 2 & 3 & 2 \\ 3 & 1 & 1 \\ 26 & 34 & 39 \end{bmatrix} \rightarrow \begin{bmatrix} 1 & 0 & 3 \\ 2 & 5 & 2 \\ 3 & 1 & 1 \\ 26 & 24 & 39 \end{bmatrix} \rightarrow \begin{bmatrix} 0 & 0 & 3 \\ 4 & 5 & 2 \\ 8 & 1 & 1 \\ 39 & 24 & 39 \end{bmatrix} \rightarrow \begin{bmatrix} 0 & 0 & 3 \\ 0 & 5 & 2 \\ 36 & 1 & 1 \\ 99 & 24 & 39 \end{bmatrix}$$

这种解法至今是最简便的(方程术早于高斯法2 000年).

正多面体与星体 徐光启与利玛窦于1607年合译《几何原本》前六卷.清初梅文鼎《几何补编》(1692)别出心裁续补《几何原本》未译部分.梅氏的工作无师自通,在立体部分某些方面优于《几何原本》.不言而喻,以正十二面体为例,在《几何补编》中,梅氏以立方体为母体,认为在6个面作平分线,如$ABCD$上的nk,然后黄金分割,在中间取线段NK为较长部分(图6).类似地,在其他五面作两两平行且彼此正交,并也取黄金分割的较长部分.梅氏做正确判断:"$K,L,M,N,P,Q,\cdots$12个点是正二十面体的顶点."就这样轻而易举地做出了正二十面体及正十二面体.对照《几何原本》卷13相应作法,步骤繁多,辅助线密如蛛网.再以星体为例,《几何原本》无此内容,西方开普勒首创.梅氏《几何补编》另立蹊径,另创八角星体(图7(a)),从立方体中上下左右挖去8个三棱锥,即得(图7(b)).

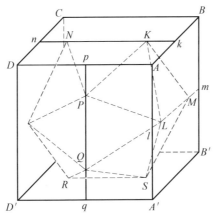

图6 梅文鼎关于正二十面体的作法

作法的简练是开普勒星体无法比拟的.1989年,英国剑桥大学出版社出版的坎迪(H. Cundy)《数学模型》有此星体,殊不知发明人是200多年前的中国人梅文鼎.

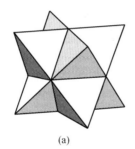 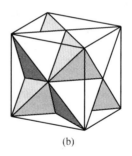

(a)   (b)

图 7　梅文鼎的八角星体

特殊的素数*

素数又称质数,它是一个"永不言衰"的话题,无论是人类刚刚认识素数的纪元,还是科技如此发达的当今.如果将自然数比作化合物,则素数就是组成它们的元素(当然它的个数不再有限).研究素数乃至整数及其性质(数学规律)的数学分支叫作"数论".人们常说数学是科学的皇后,数论就是皇后的皇冠,而素数其实就是皇冠上的一颗颗明珠.素数的奇妙性质始终像磁石一样吸引着人们.

早在两千多年前,欧几里得已在其传世名著《几何原本》中证明了:素数有无穷多个.他的证明无比巧妙,即运用了反证法.证法如下.

若素数仅有限个,比如 n 个,记它们分别为 $p_1, p_2, \cdots, p_n$,考虑 $p = p_1 p_2 \cdots p_n + 1$,它或者是一个素数,但异于 $p_1, p_2, \cdots, p_n$,或者是一个合数,但它又不含有 $p_1, p_2, \cdots, p_n$ 之一的因子,因而它应有异于 $p_1, p_2, \cdots, p_n$ 的因子.这皆与素数仅有 $p_1, p_2, \cdots, p_n$ 这有限个的假设相抵.从而素数是无限多.

然而,素数在自然数中的分布随自然数的增大越来越稀疏.欧拉和勒让德共同指出:若记 $\pi(x)$ 为不小于 x 的素数个数,则

$$\lim_{x \to \infty} \frac{\pi(x)}{x} = 0$$

但欧拉又发现:全体素数的倒数之和发散(这个结论也指明了素数个数的无限性,且在结论上更强一些).

---

* 吴振奎,唐文广:《特殊的素数》,《科学》2007年第59卷第4期.

素数本身已显格外神秘,素数理论也往往让人神往与陶醉,而某些特殊素数更让人称奇与不解(要知道发现、寻找和验证它们远非易事).因而更引起人们的兴趣.本文打算介绍几种特殊的素数,尽管是挂一漏万,或许是管中窥豹,但这些足以让人愉悦与感叹.

1. 偶素数仅一个

素数虽有无穷多个,但偶素数仅"2"这一个,因而弥足珍贵.正是由于这一点,常可构造一些很有趣味的数学问题,如求内角皆为素数角度的三角形等.

2. 全部由1组成的素数

除整数2,3,5,7外,仅用数字2,3,4,5,6,7,8,9中的任何一个组成的多位数皆为合数,而唯独由数字1组成的数列$\{I_n\}$:1,11,111,1111,…中存在素数,因而这类数(单1数)中的素数历来为人们所关注,这里I_n表示由n个1组成的数111…1.

有人曾对$I_1 \sim I_{358}$进行核算,发现$I_2, I_{19}, I_{23}, I_{317}$是素数,其中$I_{317}$是美国的威廉斯(H. C. Williams)发现的,这是在发现素数I_{23}之后50年的事.当时有人曾预言在$I_1 \sim I_{1\,000}$中,除上述素数外别无其他素数,下一个可能的素数是$I_{1\,031}$,这一点已为威廉斯于1986年证得,且他认为$I_1 \sim I_{100\,000}$中已无其他这类素数.

是否有无穷多个单1素数,至今不详.

3. 仅有0,1组成的素数

仅用数字1组成的素数十分珍稀,然而仅用数字0和1组成的素数也不多,换言之,它们的分布似乎更为稀疏,比如101是在10 000以内的自然数中唯一的一例.到目前为止人们找到的这种素数中最大的一个是

$$\underbrace{11\cdots1}_{2\,700}\underbrace{00\cdots0}_{3\,155}1$$

4. 含0个数最多的素数

"0"在阿拉伯数字中有着特殊的地位,它的出现也比其他9个数字要晚.翻翻素数表,人们往往发现素数中含有0的概率不多,有多个数字0且连续出现的素数更为少见.工程师杜布纳(H. Dubner)发现了含有15 037个0的素数

$$1\,340\,488 \times 10^{15\,037} + 1 = 13408\underbrace{800\cdots0}_{15\,036\text{个}}1$$

也足以令人称道.

5. 含数字123456789的素数

123456789恰好是数码1~9的顺序排列,人们已验证下面几个与之有关的数皆为素数:

$$23\,456\,789\,(1\sim9\text{缺}1)$$
$$1\,234\,567\,891\,(1\sim9\text{多}1)$$

1 234 567 891 234 567 891 234 567 891（胡久稔发现[1]）

接下来的情形如何？不得而知.

6. 费马素数 $F_n = 2^{2^n} + 1$

费马验证了 $n = 0,1,2,3,4$ 时，$F_n = 2^{2^n} + 1$ 都是素数：$F_0 = 3, F_1 = 5, F_2 = 17, F_3 = 257, F_4 = 65\ 537$，于是他声称：对任何自然数 n, F_n 都给出素数.

但是，1732 年，欧拉发现 $F_5 = 2^{2^5} + 1 = 641 \times 6\ 700\ 417$ 是一个合数，从而推翻了费马的猜想. 尔后人们发现 $F_5, F_6, \cdots, F_{20}, F_{21}, F_{23}$ 等都是合数. 1992 年，里德学院的柯兰克拉里（R. E. Crangclall）和德尼亚斯（Doenias）证明了 F_{22} 是合数.

目前，人们虽已证明 $5 \leqslant n \leqslant 23$ 以及另外一些更大的 n 时，F_n 均为合数，但 F_{14} 的因子却一个也未能找到. 更让人感到意外的是至今为止，人们仅发现上述 5 个费马素数.

费马素数还与正多边形尺规作图问题有关联. 高斯 19 岁时（当时他还是一位文科大学生）发现了下面的命题：正 n 边形可以用尺规作图，当且仅当 n 的最大奇因子是不同费马素数之积（包括 1 个）或 1.

7. 梅森素数 M_p

1644 年，法国一位神父兼数学爱好者梅森（M. Mersenne）经过一些计算和研究宣称：$M_p = 2^p - 1$，当 $p = 2,3,5,7,13,17,19,31,67,127,257$ 时，它们都是素数.

前文已述，素数虽然有无穷多个，但寻找且验证大素数是一个十分困难的事情，比如：1876 年发现的 39 位素数

170 141 183 460 469 231 731 687 303 715 884 105 727

到 1951 年为止仍是人们认识的最大素数[2]. 因而人们把寻找更大素数的任务落到了寻找梅森素数上.

梅森的上述研究显然让人们感到欣喜，然而后来人们也发现在 $p \leqslant 257$ 的形如 $2^p - 1$ 的素数中，梅森算错了两个（$p = 67$ 和 257），也漏掉了三个（$p = 61$，89 和 107）.

梅森素数让人关注的另一个理由得益于欧几里得发现且证明的结论：若 $2^p - 1$ 是素数，则 $2^{p-1}(2^p - 1)$ 是偶完全数，反之亦然.

此结论为完全数的寻找指出了一种途径. 所谓完全数是指一个等于它的全部小于它的约数（因子）之和的数（如 $6 = 1 + 2 + 3, 28 = 1 + 2 + 4 + 7 + 14$ 等）. 据此可知每个梅森素数均可构成一个相应的偶完全数（对偶完全数来讲，它是充要的），这即是说人们发现多少个梅森素数，也就找到了多少个偶完全数.

关于奇完全数的存在问题，1972 年，波兰斯（Pomerance）曾证明它至少应有 7 个不同的质因子；1975 年证得它至少有 8 个不同的质因子；1983 年又证得

奇完全数在附带一个条件下至少有 11 个不同的质因子.

另外,1973 年,汉斯(Hagis)和丹尼尔(M. Daniel)证明:若奇完全数存在,则至少要大于 10^{50},且质因子不小于 11 213;1975 年又证得:奇完全数的最大质因子不小于 10^6.

若奇完全数存在,人们将其因子个数及位数不断推高,这似乎增大了否定它存在的概率,具体见表 1.

表 1

年份	1957	1973	1980	1988	1989	1990
若奇完全数存在则它至少	$>10^{20}$	$>10^{50}$	$>10^{100}$	10^{160}	$>10^{200}$	$>10^{300}$

到目前为止人们仅发现 40 多个梅森素数(是否有无穷多个梅森素数?这一问题至今未获解决),其对应的 p 分别为:2,3,5,7,13,17,19,31,61,89,107,127,521,607,1 279,2 203,2 281,3 217,4 253,4 423,9 689,9 941,11 213,19 937,21 701,23 209,44 497,86 243,110 503,132 049,216 091,756 839,859 433,1 257 787,1 398 269,2 976 211,3 021 377,6 972 593,13 466 917,20 996 911,24 036 583,25 964 951,30 402 457 和 32 582 657.

其中后面几个是人们通过互联网上的资源找到的,最后一个的发现是 2006 年秋的事.随着 p 的增大,检验 M_p 的工作愈加困难,即使是用大型高速电子计算机.

8. $n!\pm 1$ 型素数

形如 $n!\pm 1$ 的素数亦是一类很惹眼的素数,比如:$2!+1=5,3!+1=7$,$3!-1=5$ 都是素数,人们因而有兴趣研究这类素数.

1980 年,代布勒(J. P. Buhler)、卡兰达尔(R. E. Crandall)发现,当 $n=1,2,3,11$,27,37,41,73,77,116,154,320,340,399,427 时,$n!+1$ 是素数.同时发现:当 $n=3,4$,6,7,12,14,30,32,33,38,94,166,324,379,469 时,$n!-1$ 是素数.

类似的问题还如:若令 $P_k=1+p_1 p_2 \cdots p_k$,他们发现:当 $p_k=2,3,5,7,11$,31,379,1 019,1 021,2 657 时,P_k 是素数.当 $p_k=3,5,11,13,41,89,317,337$,991,1 873,2 053 时,$P_k-2$ 是素数.尔后(1987 年),杜布纳发现 8 721!+1,1 477!+1 是素数,且当 $p_k=3 229,4 547,11 549$ 和 13 649 时,P_k 也是素数.

9. 算术数列中的素数

2006 年,澳籍华裔数学家陶哲轩因其数学研究的成果卓人,获有数学诺贝尔奖之称的菲尔兹奖,其中一项成就即他与别人合作证明了:存在任意长(项数)的素数算术(即等差)数列.

素数算术数列即全部由素数组成的等差数列,此前人们已发现这类数列存在,比如 1958 年格鲁伯(V. A. Goluber)找到首项为 $a_0=23\ 143$,公差为 $d=30\ 030$ 的有 12 项长的素数算术数列.1990 年,又有人找到了 $a_0=142\ 072\ 321\ 123$,公差 $d=$

1 419 763 024 680 的长达 21 项的这类数列. 陶的研究非常让人惊叹,因为这类数列项数从 12 延伸到 21 花去了人们 30 余年的光景,而从有限到无限则是一个不可想象的突破.

有人还猜测:有任意长的由相邻素数组成的算术数列. 注意这里"相邻"两字,比如:251,257,263,269 以及 1 741,1 747,1 753,1 759 即为两个这类数列(它们各有 4 项). 几年前兰德(Lander)和帕金(Parkin)发现:$121\ 174\ 811 + 30k(0 \leqslant k \leqslant 5)$ 是项数为 6 的此类数列,同时他们称 $9\ 843\ 019 + 30k(0 \leqslant k \leqslant 4)$ 是 5 个相邻素数组成的最小的这类数列.

当然,这个问题的特例即所谓"孪生素数""三生素数"等问题也同样引起人们的兴趣. 像 3,5;5,7;… 这样相差为 2 的一对素数称为孪生素数. 至 2002 年末为止,人们找到的最大孪生素数为 $2\ 409\ 110\ 779\ 845 \times 2^{60\ 000} \pm 1$(它们均有 18 072 位).

孪生素数的多寡(是否有无穷多)问题至今未果. 但 1919 年布恩(V. Brun)证得:全体孪生素数的倒数之和收敛. 即便如此,它只能证明孪生素数的稀疏,但是不能说该级数的项数有限.

10. 斐波那契数列 $\{f_n\}$ 中的素数

满足 $f_0 = f_1 = 1, f_{n+1} = f_n + f_{n-1}(n \geqslant 2)$ 的数列 $\{f_n\}$ 称为斐波那契数列. 这个数列是由意大利人斐波那契在大约 700 年前撰写的一本名为《算盘书》的著述中以"兔生小兔"问题形式提出的[3],它的许多诱人性质及其在理论与实际中的高价值应用令人青睐. 这个数列中的素数自然也引起人们的关注.

截至目前人们知道:当 $n = 3,4,5,7,11,13,17,23,29,43,47$ 时,f_n 是素数,且 $f_{47} = 2\ 971\ 215\ 073$. 人们尚不知道除此之外数列中还是否有其他素数? 更不知道这类素数到底有多少?

广义斐波那契数列即卢卡斯数列:$v_1 = 1, v_2 = 3, v_{n+1} = v_n + v_{n-1}(n \geqslant 2)$. 当 $n = 2,4,5,7,8,11,13,17,19,31,37,41,47,53,61,71$ 时,v_n 是素数. 其中 $v_{71} = 688\ 846\ 502\ 588\ 399$.

当然也有完全不含素数的广义斐波那契数列,比如格雷汉姆(Graham)证明:$v_1 = 3\ 794\ 765\ 361\ 567\ 513, v_2 = 2\ 061\ 567\ 420\ 555\ 510, v_{n+1} = v_n + v_{n-1}$ ($n \geqslant 2$) 中不含素数,此处当然要求 v_1 与 v_2 互素.

11. 截尾素数

素数 73 939 133 依次截去尾数后分别为:7 393 913,739 391,73 939,7 393,739,73,7,它们均为素数. 人们称此类素数为截尾素数. 素数 2 333,2 393,2 399,2 939,… 也都是截尾素数. 这类素数有多少个? 不得而知.

12. 回文素数

所谓"回文数"(又称逆等数)是指这样的整数:当把该数诸数位上完全倒

置后所成的新数(逆序数)与原数相同.如 121,1 331,1 111,…

人们通过计算发现,回文数中有许多素数.比如 1 000 以内的回文式素数有:11,101,131,151,181,191,313,353,373,383,727,757,787,797,919. 人们曾猜测:回文式素数的个数有无穷多个.但这个结论迄今尚未证明.

此外人们把 13 与 31;17 与 71;37 与 73;79 与 97;…… 这样的素数对称为"回文素数对"(一个数与它的回文数均为素数,则称这一对数为回文素数对),这种数两位的有 4 对,三位的有 13 对,四位的有 102 对,五位的有 684 对…… 人们猜测:有无穷多组回文素数对.这一点也至今未获证明.

13. e, π 展开式中的素数

e 和 π 是数学中两个重要常数,人们对它们的展开式中的数字现象十分感兴趣,其中的连续数字能出现素数表更令人感到新奇.

π 的展开式中连续的数字里已发现 3,31,314 159 和 38 位的数

31 415 926 535 897 932 384 626 433 832 795 028 841

(它是由 π 展开式的前 38 位数字组成的)均为素数,其中最后一个是由 1979 年美国伊利诺伊大学的罗伯特(B. Robert)发现的.这其中是否还有更大的素数? 不详.

此外,人们还注意到 31 和 314 159 还是回文素数对中的数,同时 31,41,59 又分别是三对孪生素数中的一个.

欧拉数 $e = 2.718\ 281\ 828\ 459\ 045\ 235\ 360\ 287\ 471\ 352\ 662\ 49\cdots$ 展开式顺序数字组成的整数中,人们仅发现 2,271 是素数,下一个素数是多少? 至今不知.

以上罗列了几类特殊素数,它们仅是数学花园中的几株奇花异草,但足以让我们领略到数学的魅力,体味到数学的美丽,不是吗?

参考资料

[1] 胡久稔. 数林掠影. 天津:南开大学出版社,1998.
[2] 萨巴. 黎曼博士的零点. 汪晓勤等,译. 上海:上海教育出版社,2006.
[3] 吴振奎. 斐波那契数列. 沈阳:辽宁教育出版社,1987.
[4] 吴振奎,吴旻. 数学的创造. 上海:上海教育出版社,2003.
[5] 盖伊. 数论中未解决的问题. 张明尧,译. 北京:科学出版社,2003.
[6] 吴振奎,吴旻. 数学中的美. 上海:上海教育出版社,2001.

魅力独特的梅森素数*

梅森素数是数论研究中的一项重要内容,也是当今科学探索的热点和难点之一.由于它具有许多奇特的性质和美妙的趣闻,千百年来一直吸引着众多数学家,如欧几里得、费马、梅森、笛卡儿、莱布尼兹、欧拉、高斯、哥德巴赫(C. Goldbach)、哈代(G. H. Hardy)、尚克斯(W. Shanks)、柯尔(F. N. Cole)等和无数数学爱好者. 2 000多年来,人类仅找到44个梅森素数,这种素数珍奇而迷人,因此被人们称为"数学宝山上的璀璨明珠".

一、梅森素数的由来

1640年6月,法国大数学家费马在给数学家梅森(图1)的一封信中写道:"在艰深的数论研究中,我发现了三个非常重要的性质.我相信它们将成为今后解决素数问题的基础."其中的一个性质就是关于形如 2^p-1 的数(其中 p 为素数).该信使梅森对 2^p-1 型的数产生兴趣并进行研究.

其实,早在公元前300多年,古希腊数学家欧几里得就开创了研究 2^p-1 的先河,他在《几何原本》第九章中论述完全数时指出:如果 2^p-1 是素数,则 $2^{p-1}(2^p-1)$ 是完全数.另外,欧几里得还在这本不朽的名著中用反证法巧妙地证明了素数有

---

* 张四保,罗兴国:《魅力独特的梅森素数》,《科学》2008年第60卷第2期.

无穷多个. 梅森在欧几里得、费马等人有关研究的基础上对 2^p-1 做了大量计算、验证工作,并于 1644 年在他的《物理数学随感》一书中断言:对于 $p=2,3,5,7,13,17,19,31,67,127,257$ 时,2^p-1 是素数,而对于其他所有小于 257 的数 p 时,2^p-1 是合数. 前面的 7 个数(即 2,3,5,7,13,17 和 19)属于被证实的部分,是他整理前人的工作得到的,而后面的 4 个数(即 31,67,127 和 257)属于被猜测的部分. 不过,人们对其断言仍深信不疑,连德国大数学家莱布尼兹和哥德巴赫都认为它是对的. 虽然梅森的断言中包含着若干错漏,但他的工作极大地激发了人们探寻 2^p-1 型素数的热情,使其摆脱作为"完全数"的附庸地位. 可以说,梅森的工作是素数研究的一个转折点和里程碑.

由于梅森学识渊博,才华横溢,为人热情以及他是法兰西科学院的奠基人和最早系统而深入地研究 2^p-1 型素数的人,为了纪念他,数学界就把这种数称为"梅森数",并以 M_p 记之(其中 M 为梅森姓氏的首字母),即 $M_p=2^p-1$. 如果梅森数为素数,则称之为"梅森素数"(即 2^p-1 型素数).

梅森素数貌似简单,而研究难度却很大,它不仅需要高深的理论和纯熟的技巧,而且需要进行艰巨的计算. 即使属于猜测部分中最小的 $M_{31}=2^{31}-1=2\,147\,483\,647$,也具有 10 位数. 可以想象,它的证明是十分艰巨的.

二、艰辛的探寻历程

自梅森提出其断言后,人们发现的已知最大素数几乎都是梅森素数,因此,探寻新的梅森素数的历程也就几乎等同于探寻新的最大素数的历程. 而梅森断言为素数却未被证实的几个 M_p 当然首先成为人们研究的对象.

1772 年,被誉为"数学英雄"的瑞士数学家欧拉在双目失明的情况下,靠心算证明了 M_{31} 是个素数,它堪称当时世界上已知的最大素数. 欧拉的毅力与技巧都令人赞叹不已,难怪法国大数学家拉普拉斯向他的学生们说:"读读欧拉,读读欧拉,他是我们每个人的老师." 欧拉还证明了欧几里得关于完全数的定理的逆定理,即每个偶完全数都具有形式 $2^{p-1}(2^p-1)$,其中 2^p-1 是素数. 这就使得偶完全数完全成了梅森素数的"副产品". 欧拉的艰辛给人们提示:在伟人难以突破的困惑面前要想确定更大的梅森素数,只有另辟蹊径了.

1876 年,法国数学家卢卡斯提出了一个用来判别 M_p 是否为素数的重要定理——卢卡斯定理. 这一定理为梅森素数的探寻提供了强有力的工具. 1883 年,数学家波弗辛(L. M. Pervushin)利用卢卡斯定理证明了 M_{61} 是个素数,这是梅森漏掉的. 梅森还漏掉两个素数 M_{89} 和 M_{107},它们分别在 1911 年和 1914 年被数学家鲍尔斯(R. E. Powers)发现,为了寻找这两个素数,他几乎耗尽了一生的时间.

1903 年，在美国数学学会的大会上，数学家柯尔做了一次精彩的演讲，他提交的论文题目是《关于大数的因子分解》。他在"演讲"过程中始终一言不发，只默默地在黑板上进行运算，他先算出 $2^{67}-1$ 的结果，再算出 193 707 721 × 761 838 257 287 的结果，两个结果是相同的．"于无声处听惊雷"，其"演讲"赢得全场听众起立热情鼓掌和一片喝彩．这在美国数学学会大会的历史上是绝无仅有的一次，而这个"一言不发的演讲"已成为科学史上的佳话．柯尔第一个否定了"M_{67} 为素数"这一自梅森断言以来一直被人们相信的结论．会后，当人们问柯尔："你花费了多少时间来研究这个问题？"他静静地说："3 年内的全部星期天．"后来，柯尔当选为美国数学学会会长．他去世后，美国数学学会设立了柯尔奖，用于奖励在数论等方面做出杰出贡献的数学家．

1922 年，数学家克赖希克（M. Kraitchik）运用抽屉原理验证了 M_{257} 并不是素数，而是合数，但他并没有给出这一合数的素因子．此外，波兰大数学家斯坦因豪斯（H. D. Steinhaus）在其名著《数学一瞥》中有句挑战性的话："78 位数的 M_{257} 是合数，可以证明它有素因子，但这些素因子还不知道．"直到 1984 年初，美国桑迪国家实验室的科学家才发现 M_{257} 有 4 个素因子．

1930 年，美国数学家莱默（D. H. Lehmer）改进了卢卡斯的工作，给出一个针对 M_p 的新的素性测试方

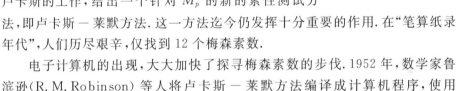

图 1　法国数学家梅森

法，即卢卡斯－莱默方法．这一方法迄今仍发挥十分重要的作用．在"笔算纸录年代"，人们历尽艰辛，仅找到 12 个梅森素数．

电子计算机的出现，大大加快了探寻梅森素数的步伐．1952 年，数学家鲁滨逊（R. M. Robinson）等人将卢卡斯－莱默方法编译成计算机程序，使用 SWAC 型计算机在短短几小时之内，就找到了 5 个梅森素数：M_{521}，M_{607}，$M_{1\,279}$，$M_{2\,203}$ 和 $M_{2\,281}$。

1963 年 9 月 6 日晚上 8 点，当第 23 个梅森素数 $M_{11\,213}$ 通过大型计算机被找到时，美国广播公司（ABC）中断了正常的节目播放，以第一时间发布了这一重要消息．发现这一素数的美国伊利诺伊大学数学系全体师生感到无比骄傲，为了让全世界都分享这一成果，以至把所有从系里发出的信件都盖上了"$2^{11\,213}-1$ is prime"（$2^{11\,213}-1$ 是个素数）的邮戳（图 2）．

"自古英雄出少年"，两个初出茅庐的美国中学生诺尔（C. Noll）和尼科尔（L. Nikel），经过 3 年的努力编写了一个计算程序，于 1978 年 10 月在 Cyber174 型计算机上运行 350 个小时，发现了第 25 个梅森素数 $M_{21\,701}$．世界几乎所有的大新闻机构（包括中国的新华社）及学术刊物都争相报道了这一消息，《纽约时报》还把它作为头版头条来报道．

图 2　美国伊利诺伊大学数学系盖的邮戳

随着素数 p 值的增大,每一个梅森素数 M_p 的发现都艰辛无比.例如,在 1979 年 2 月 23 日,当美国克雷研究公司的计算机专家斯洛温斯基(D. Slowinski)和纳尔逊(H. Nelson)宣布他们找到第 26 个梅森素数时,有人告诉他们:在两个星期前诺尔就已经给出了同样的结果.为此他们潜心发奋,花了一个半月的时间,使用 Cray－1 型计算机找到了新的梅森素数.这件事成了当时不少报纸的头版新闻.之后,斯洛温斯基乘胜前进,使用经过改进的 Cray－XMP 型计算机在 1983 年至 1985 年间又找到了 3 个梅森素数.

为了与美国较量,英国原子能技术权威机构——哈威尔实验室专门成立了一个研究小组来寻找更大的梅森素数.他们用了两年的时间,花了 12 万英镑的经费,于 1992 年 3 月 25 日找到了新的梅森素数.不过,1994 年 1 月 14 日,斯洛温斯基等人为美国再次夺回发现"已知最大素数"的桂冠——这一素数是 M_{859433}.而下一个梅森素数仍是他们的成果,这一素数是使用 Cray－T94 超级计算机在 1996 年找到的.由于斯洛温斯基是发现梅森素数最多的人,他被人们誉为"素数大王".

网格(Grid)这一崭新技术的出现使梅森素数的探寻如虎添翼.1996 年初,美国数学家及程序设计师沃特曼(G. Woltman)编制了一个梅森素数计算程序,并把它放在网页上供数学家和数学爱好者免费使用,这就是闻名世界的"因特网梅森素数大搜索"(GIMPS)项目.该项目采取网格计算方式,利用大量普通计算机的闲置时间来获得相当于超级计算机的运算能力.英国《自然》杂志曾有一则报道认为:GIMPS 项目不仅会进一步激发人们对梅森素数探寻的热情,而且会引起人们对网格应用研究的高度重视.1997 年,美国数学家及程序设计师库尔沃斯基(S. Kurowski)和其他人建立了"素数网"(Prime Net),使分配搜索区间和向 GIMPS 发送报告自动化.现在只要人们去 GIMPS 的主页下载那个免费程序,就可以立即参加 GIMPS 项目来搜寻梅森素数.

为了激励人们寻找梅森素数和促进网格技术发展,设在美国的电子新领域基金会(EFF)于 1999 年 3 月向全世界宣布了为通过 GIMPS 项目来探寻新的更大的梅森素数而设立的奖金.它规定向第一个找到超过 100 万位数的个人或机构颁发 5 万美元.后面的奖金依次为:超过 1 000 万位数,10 万美元;超过 1 亿位数,15 万美元;超过 10 亿位数,25 万美元.但是,绝大多数志愿者参与该项目不是为了金钱而是出于乐趣、荣誉感和探索精神.

12 年来,人们通过 GIMPS 项目找到了 10 个梅森素数,其发现者来自美国、英国、法国、德国和加拿大. 这 10 个梅森素数分别是 $M_{1\,398\,269}$,$M_{2\,976\,221}$,$M_{3\,021\,377}$,$M_{6\,972\,593}$,$M_{13\,466\,917}$,$M_{20\,996\,011}$,$M_{24\,036\,583}$,$M_{25\,964\,951}$,$M_{30\,402\,457}$ 和 $M_{32\,582\,657}$. 其中 $M_{32\,582\,657}$ 是由美国密苏里州立中央大学的数学家库珀(C. Cooper)领导的研究小组于 2006 年 9 月 4 日发现的,该素数有 9 808 358 位,如果用普通字号将它连续写下来,它的长度超过 40 公里. 这一超级素数是目前已知的最大素数,也是 2 000 多年来人类发现的第 44 个梅森素数.

据西班牙《科学发现》2007 年 10 月号报道,自从库珀小组发现最大梅森素数以来,全球再次掀起了寻找梅森素数的新一轮热潮. 目前,世界上有 150 多个国家和地区近 15 万人参加 GIMPS 这一国际合作项目,并动用了 30 多万台计算机联网来进行大规模的网格计算,以探寻新的梅森素数. 该项目的计算能力已超过当今世界上任何一台最先进的超级矢量计算机的计算能力,运算速度已超过每秒 300 万亿次.

值得指出的是:从已知的梅森素数来看,这种特殊的素数在正整数中的分布是时疏时密极不规则的,因此探索梅森素数的重要性质 —— 分布规律似乎比寻找新的梅森素数更为困难. 数学家在长期摸索中提出了一些猜想. 英国数学家向克斯、法国数学家贝特朗(J. Bertrand)、印度数学家拉马努金(S. Ramanujan)、美国数学家吉利斯(D. B. Gillies)和德国数学家伯利哈特(J. Brillhart)等都曾分别给出过关于梅森素数分布的猜测. 但他们的猜测有一个共同点,就是都以渐近表达式给出,而与实际情况的接近程度均难如人意.

中国数学家及语言学家周海中对梅森素数研究多年,他运用联系观察法和不完全归纳法,于 1992 年首先给出了梅森素数分布的精确表达式,为人们探寻梅森素数提供了方便. 后来这一科研成果被国际上称为"周氏猜测".《科学美国人》杂志上有一篇评价文章指出:"这一成果是梅森素数研究中的一项重大突破."

三、梅森素数的意义

自古希腊时代直至 17 世纪,人们探寻梅森素数的意义似乎只是为了探寻完全数. 但自梅森提出其著名断言以来,特别是欧拉证明了欧几里得关于完全数定理的逆定理以来,完全数已仅仅是梅森素数的一种"副产品"了. 探寻梅森素数在现代已有了十分丰富的意义. 探寻梅森素数是发现已知最大素数的最有效的途径,自欧拉证明 M_{31} 为当时最大的素数以来,在发现已知最大素数的世界性竞赛中,梅森素数几乎囊括了全部冠军.

探寻梅森素数是测试计算机运算速度及其他功能的有力手段. 例如,第 34

个梅森素数 $M_{1\,257\,787}$,就是 1996 年 9 月美国克雷公司在测试其最新超级计算机的运算速度时得到的. 梅森素数在推动计算机功能改进方面发挥了独特的作用. 发现梅森素数不仅需要高功能的计算机, 还需要素数判别和数值计算的理论与方法, 以及高超巧妙的程序设计技术等, 因而它还推动了"数学皇后"数论的研究, 促进了计算数学和程序设计技术的发展.

梅森素数在实用领域也有用武之地, 现在人们已将大素数用于现代密码设计领域, 其原理是:将一个很大的数分解成若干素数的乘积非常困难, 但将几个素数相乘却容易得多. 在这种密码设计中, 需要使用大素数, 素数越大, 密码被破译的可能性就越小.

探寻梅森素数最新的意义是,它促进了网格计算技术的发展. 从最新的 10 个梅森素数是在 GIMPS 项目中发现这一事实, 我们已可想象到网格的威力. 网格计算技术使得要用大量个人计算机去做本来要用超级计算机才能完成的项目成为可能. 这是一个前景非常广阔的领域.

因此,不少科学家认为,对于梅森素数的研究能力如何,已在某种意义上标志着一个国家的科技水平. 可以相信, 梅森素数这颗数学宝山上的璀璨明珠正以其独特的魅力, 吸引着更多的有志者去探寻和研究.

"水立方"与开尔文问题

国家游泳中心"水立方"浑身散发着通透的神采:巧夺天工的设计、纷繁自由的结构、简洁纯净的造型、环保先进的科技,它凝集了中国人的智慧和自主创新的勇气.特别地,它的墙体是由上千个"水泡"组成的,每当夜晚灯光开启时分,整个"水立方"就像是一座水晶宫,给人一种如梦如幻的感觉.

稍加观察,可以发现这些"水泡"都是一些大小差不多的多面体.乍看起来看不出什么排列规律,似乎是设计师为了追求自然美而随心所欲搭建的.但事实并非如此,实际上这些多面体有两类:一类是十二面体,一类是十四面体,它们体积相同,按一定的排列规则充满墙体的内部.那么,这样的设计从何而来?为什么要采用这样的设计呢?要说明这些问题,我们先介绍一下开尔文问题.

一、开尔文问题

1887年,英国理论物理学家开尔文勋爵(Lord Kelvin,即W. Thomson)提出如下问题:用怎样的体积相等(为简单起见,不妨假定体积为1)的块填满三维空间,使得接触面积最小?这个问题看似比较简单,好像学过立体几何的高中生都可以解决.确实,对于某些特殊的多面体,中学生都会计算它的表面积,但是对于一般多面体,问题就复杂多了.况且,用给定的

---

* 侯自新,张俊:《"水立方"与开尔文问题》,《科学》2008年第60卷第4期.

某些类型的多面体去填充空间,要求把整个空间填满,这本身就是非常困难的,在一般情形下是做不到的.什么样类型的多面体可以充满空间,这个问题本身就是极具挑战性的问题.实际上,这就是 1900 年国际数学家大会上希尔伯特提出的、影响整个 20 世纪数学发展的著名 23 个问题中的第 18 个问题——用全等多面体构造空间.

开尔文对他提出的这个问题有一个猜想:正八面体在六个顶点处去掉棱长为正八面体棱长 $\frac{1}{3}$ 的正四面体所得的十四面体就是最佳答案(图 1).

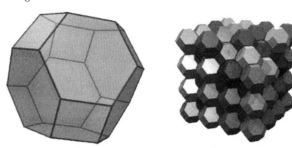

图 1　开尔文设想的多面体以及如何用它去构造空间

开尔文问题显然有重要的实际意义,特别是在建筑学、材料学等方面.在同样体积下接触面积越小,构建这些多面体的骨架所用材料自然也越少.因此开尔文问题引起了人们的广泛注意.但 100 多年来,没有人给出开尔文猜想的证明.相反,到了 1994 年,美国数学家威尔(D. Weaire)和弗兰(R. Phelan)对开尔文猜想给出了反例.他们采用了十四面体(这个十四面体与开尔文的十四面体不同)和正十二面体的组合,其接触面积比开尔文构造的要少 0.3%[1].这是目前对开尔文问题的最佳解答(图 2).

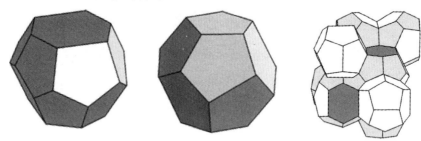

图 2　威尔和弗兰给出的更节省表面积的多面体填充空间方案

"水立方"正是采用了威尔和弗兰给出的方案.这样的结构不仅美观大方,而且由于接触面积小从而减少了建造钢骨架和建造"水泡"的膜材料的消耗,也减少了焊接材料、焊接所用能源及人力资源的消耗,等等,因而采用这种设计充分体现了绿色奥运的环保理念,具有良好的启示作用.

"水立方"是人类建筑史上第一次采用这样的结构设计,也是目前世界上唯一采用这种结构的建筑物.这种看似不规则的钢结构显然体现了自由之美,却也为设计和建造者带来极大的挑战.其设计单位负责人笑谈,"水立方"的钢结构是一个"三无工程"——无先例、无规则、无标准.但是我们的设计家、建造者却成功地完成了建筑史上这个伟大的尝试.来自德国的一位专家称:若干年内,"水立方"将是世界钢结构泡沫理论的教科书.英国《卫报》发表文章称其为"理论物理学的杰作".

对于开尔文问题的解决,自然界中很多现象都给予人们启发:水在气泡状态下的组合,细胞组织单位的基本排列形式,矿物的结晶等.但是作为一个数学问题,至今则仍是一个未解问题.我们既不能证明由威尔和弗兰给出的方案是最佳的,也不能排除还有更佳的解答.

其实,开尔文问题是平面上的所谓"蜂巢"问题在三维情形的推广."蜂巢"问题是说:用什么样的单位面积的图形拼成平面,使得其周长最短?受蜂巢形状的启发,人们猜想:单位面积的正六边形就是问题的答案.这就是蜂巢猜想.

二、蜂巢猜想及其解决

蜜蜂是一种很聪明的动物.在辛勤劳动中,它们"总结"出将巢建成正六棱柱体,这样可以大大节省由工蜂分泌出的用于建巢的蜂蜡,并且能储存最大量的蜂蜜.达尔文解释说:"蜂群用最少的蜂蜡建成的蜂巢可储存最多量的蜜,这是自然进化的结果."

人类早就注意到了这个现象.早在公元前36年,沃罗(M. T. Varro)在他关于农业的著作中提到:"蜂窝的每个单元格有六个角是不是因为它们有相同多的脚呢?几何学家可以证明正六边形可以覆盖最大的空间."

到了公元4世纪,帕普斯(Pappus)对此有了进一步的论述.在他写的第五本书[2]中不仅提出并解决了等周长问题(在给定周长的条件下,什么样的平面图形面积最大),而且对蜂巢结构提出如下的看法:他指出在蜂巢的每个单元格之间是不允许有空隙的,否则就会有杂质进来影响蜂蜜的纯度.因此蜂巢横断面的平面图形必然充满平面的相应部分.他还认为蜜蜂有一定程度的数学意识,它们避免了不同多边形覆盖平面的复杂情形.而大家都知道,用同一类正多边形拼成平面只有三种可能性:正三角形、正方形和正六边形.蜜蜂选择了正六边形,这是因为面积相同的正三角形、正方形和正六边形中,正六边形的周长最短,从而更为节省蜂蜡.

蜜蜂的睿智吸引了很多数学家,从而最终形成了上述蜂巢问题和猜想.现在我们已无法查清问题最终形成的确切年代了.

无论如何,这样一个叙述简明、常人一看就明白的数学问题千百年来让许许多多的数学家在此驻步,又带着遗憾离开,以致使蜂巢猜想成为著名的未解问题之一. 它的困难之处在于对拼成平面的图形只有面积相等的要求而没有任何其他的限制,而这样的平面图形千变万化,使人们无从入手. 数学家们不得不先加上一些限制,在一定范围内去讨论这个问题,然后再逐步减弱这些限制,在更大范围内讨论,直至最后予以解决(这是数学家在证明困难问题时最常用的方式).

图3 蜂巢由最省材料的正六边形结构单元组成

即使这样,进展也是十分缓慢的. 这个问题取得突破性进展是在 1943 年,托特(L. F. Tóth)在凸性假设下对蜂窝猜想给出了证明. 所谓凸性就是指:图形内任何两个点,联结它们的线段上所有点都要在这个图形内. 这是相当强的条件,因为这迫使每个图形都必须是多边形(图4). 他当时就预言没有凸性的假设,问题将变得非常困难.

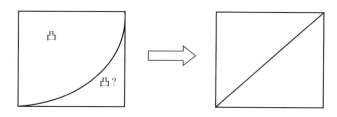

图4 要让相邻两块区域都是凸的,相邻的边界只能是直线段

他的预言没有错,即使在数学蓬勃发展的 20 世纪后半叶,又经过一大批数学家半个多世纪的努力,问题才得以逐步解决. 1996 年,摩根(F. Morgan)在允许有零空间(empty space)和不连通区域(disconnected regions)的条件下给出了证明[3]. 而黑尔斯(T. C. Hales)最终在 1999 年给出了没加任何限制的一般情况的证明[4].

作为蜂巢问题和开尔文问题更高维空间的推广,摩根在 2008 年证明,在 n 维空间的单位体积划分中最小超曲面面积(相当于平面中最短周长和三维情形中最小表面积)划分的存在性[5]. 但是我们已经看到,要给出一个划分方案是多么困难!即使在三维的情形至今仍未解决. 在解决蜂巢问题时所用到的方法对三维情形就已不再适用,所以很难想象将蜂巢结构推广到高维情形将是什么样的划分.

蜂巢问题和开尔文问题有一个共同特点,就是叙述简明,不需要高深的数学术语,看似一个初等几何问题,实际上却是数学家长期解决不了的数学难题,在某种程度上与数论中的哥德巴赫猜想类似. 这样的几何问题还有不少. 下面我们要介绍的装球(sphere packing)问题就是其中之一.

三、装球问题

所谓装球问题是说：在一个立方体中放入同样大小的球，装得最紧能装紧到什么程度？我们知道，与用平面图形拼成平面或用多面体填满空间不同，在立方体中装球，球与球之间总会有空隙的，不会充满整个空间（当然下面要谈的平面铺圆也一样）. 当球的直径越来越小时，总的空隙会越来越少，但绝不会趋近于零. 于是数学家引入了一个稠度（装进的球的总体积与立方体体积之比）概念，来刻画装球的紧密程度. 关于装球问题有一个著名的猜想——开普勒猜想：装球的稠度不会超过$\frac{\pi}{\sqrt{18}}$（且有例子表明这应该是最佳常数）.

相应于二维情形，我们可以有下列问题：在一个正方形中画同样大小的圆，可以相切但不可以相交，问最多可以稠密到什么程度？这个问题比装球问题简单多了，因为每个单位圆周围恰好可画6个单位圆与它相切，且每相邻的两个也相切（图5），这实际上就是最佳方案（碰巧与蜂巢问题有一点关系，在蜂巢的每个正六边形中画一个内切圆就是上述答案）. 而在三维空间，情况就完全不同了. 我们可以考虑一下，围绕着一个单位球最多能有多少个单位球与它相切呢？很多数学家对此进行过讨论. 历史上还有过一段有趣的争论：牛顿说只能有12个，而格雷戈里则说可以有13个. 最后的结果表明还是牛顿说的对. 但要注意到，这时还剩下很多空间（图5）. 我们再次看到将一个平面上的问题推广到立体空间后其难度大大增加了. 所幸的是开普勒猜想最终在1998年也被黑尔斯所证明.

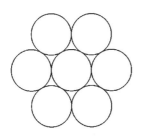

图5　空间的球密堆积问题要比平面圆密堆积问题复杂得多

虽说蜂巢问题和开尔文问题作为数学问题的研究和解决经历了漫长的历史岁月，但是人们在对它的思考过程中已将它应用到现实的生产和生活中去了，为社会带来好处. 蜂巢结构早已被广泛用于建筑学和材料学之中. 在建筑学中采用蜂巢结构设计不仅坚固，而且通风效果良好，大大节省原材料. 而蜂巢材料最早则是被应用在航空航天领域，这是一种应航空航天科技的特殊需求而发展起来的超轻型复合材料.如今蜂巢结构材料已被广泛地用于建材、家具制造、包装、运输车辆和轮船的内部装饰,以及其他需要轻质高强度板材的地方.

"水立方"是开尔文问题的应用,是为泡沫理论奋斗百余年的成千上万设计师的智慧结晶,是科技进步的产品,更是中国人勇于自主创新的体现!我们相信,随着"水立方"的出现,相应的技术会更广泛地应用于各个领域,为人类社会的可持续发展做出新的贡献.

参考资料

[1] D. Weaire,R. Phelan. A counter-example to Kelvin's conjecture on minimal surfaces. Philos. Mag. Lett. ,1994,69:107.

[2] Pappus d'Alexandrie. La collection mathématique. tr. Eecke P V. Paris:Albert Blanchard,1982.

[3] F. Morgan. The hexagonal honeycomb conjecture. Trans. AMS,1999,351(5):1753.

[4] T. C. Hales. The honeycomb conjecture. Disc. Comp. Ceom. ,2001,25:1.

[5] F. Morgan. Existence of Least-perimetric Partitions. Phil. Mag. Lett. (Fortes memorial issue),2008.

天使与魔鬼*

继《达芬奇密码》横扫全球后,原作者丹布朗的另一本《天使与魔鬼》也跟着大畅销.不过读者可能不知道,其实天使与魔鬼在棋盘上的缠斗,是数学上一个有名的问题.这个月我们就来聊聊棋盘上的天使与魔鬼.他们缠斗的方式是这样的:

在无限大的西洋棋盘上,一开始天使站在某一格上.然后魔鬼敲掉另一格的地板.天使接着往上下左右或对角线方向任意移动一格,但是不能走到地板已经被敲掉的格子里(否则就会坠入无底的深渊).魔鬼接着再敲掉一格,天使再移动一格,依此类推(图1).

要问的问题是:是邪不胜正(天使总有办法一直跑来跑去,不会被困住),还是正不胜邪(天使终会被魔鬼困住,无法再移动)?我建议读者现在停下来,找个朋友,甚至跟家里的小朋友,两个人一起来玩这个游戏.很刺激的!读者的答案是哪一边?是天使能不受拘束自由自在,或者魔鬼让天使无容身之地?

这个问题在1982年最初由英国大数学家康韦提出,他也提到数学家伯利坎普(Berlekamp)已经解决了这个问题,答案是正不胜邪——天使总有一天会动弹不得.这表示天使的能力不够强,于是康韦接着问:如果天使可以每次走两步呢(魔鬼仍然一次只能敲掉一格地板)?答案是邪不胜正,还是正不胜邪?

---

* 游森棚:《天使与魔鬼》,《科学月刊》2009年第40卷第12期.

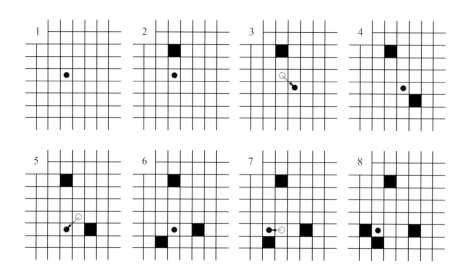

图 1　天使与魔鬼在棋盘上缠斗的前 8 步，
圆棋代表天使，黑色方块是被魔鬼敲掉的地板

我们把原来一次走一格的天使称为"单倍力天使"，每次可以走两格的天使称为"双倍力天使". 所以康韦问的是，双倍力天使和魔鬼对决，谁胜谁负？(起初第一个问题的结果就是，单倍力天使和魔鬼对决必败.)

康韦百思不得其解，没想出答案. 怎么办呢？数学家考虑一个问题时，如果卡住了，常用的手法是将其一般化. 一般化的后果当然是变得更难更抽象，但好处是或许反而可以显露出本质存在，而不会受限于起初的特例.

于是康韦问，是否存在一个 k，使得 "k 倍力天使" 和魔鬼对决必胜？或是不管 k 是多少，魔鬼永远可以让 "k 倍力天使" 动弹不得？康韦公开征求解答，如果能证明前者，赏金 100 美元(是不多，但读者知道，这不是赏金多寡的问题，而是一种荣耀)；而如果能证明后者，赏金 1 000 美元.

读者可能会问，可不可能双方根本都没有必胜策略？答案是不会的，要么就天使胜，要么就魔鬼胜. 稍微思考一下就知道，如果魔鬼能必胜，则他在有限步之内可以困住天使；如果魔鬼不能必胜，则表示天使总可以采取不被困住的走法，因此天使必胜. 终归一句话就是，这个问题必有一方获胜.

这问题在很长的一段时间内完全没有进展. 康韦自己也不时回头思考，将天使的走法再多加一点点限制，于是得到一些结果. 比如在 1982 年他证明出，如果天使每次停留点的 x 坐标都越来越大(就是天使要往右方走)，则不管 k 是多少，魔鬼都可以困住 "k 倍力天使". 到了 1996 年(14 年后了)，康韦则证明，如果天使每次的停留点都离原点越来越远，则不管 k 是多少，魔鬼都可以困住 "k 倍力天使".

这些结果听起来是有点让人沮丧(邪恶的力量很大),而原来的问题还是没有进展.数学家因此再把问题一般化到更高维度,考虑三维空间立体棋盘中的天使与魔鬼,这时,天使可以走上下左右前后以及八个对角线方向.

奇怪的是,考虑立体棋盘时,反而出现了大进展.2004 年,库兹(Kutz)在他的博士论文中,讨论立体棋盘的天使与魔鬼问题,证明在三维空间的立体棋盘中,"十三倍力天使"(天使每一次行动可以走 13 步,然后轮到魔鬼挖掉一个方格,依此类推)有必胜策略.换句话说,立体棋盘里只要 $k \geqslant 13$,则"k 倍力天使"必胜.库兹在 2007 年意外逝世,留下了对这个问题的贡献.

但是,原来平面棋盘的"双倍力天使"还是没有解决.终于在 2006 年,距离康韦提出问题 24 年后,"双倍力天使"问题有了结果.几乎在同一时间,好几个数学家独立地做出了解答:鲍迪奇(Bowditch)证明了"四倍力天使"可获胜;马瑟(Mathe)和克洛斯特(Kloster)几乎同时证明了"双倍力天使"可以获胜.这些都是严肃的学术论文,刊登在非常好的学术期刊上.不过因为同时有许多数学家做出,直到今日康韦的奖金落谁家似乎还没有决定.

但数学问题的探究没有终点,这里有一个未解的问题,欢迎读者挑战:在三维空间的立体棋盘中,如果天使落脚的地方必须离地面越来越高,且所有魔鬼挖掉的方格必须落在三个平面上,则这一边有必胜策略?

最后,让我们再回到原来的问题——平面上的天使与魔鬼对决.经过 24 年的进展,数学家终究知道,虽然"单倍力天使"会被魔鬼搞得动弹不得,但是魔鬼无法困住"双倍力天使".从哲学的意义来看,这真是完美的结局——只要天使的力量够强,就足以摆脱魔鬼的纠缠.也就是说,只要正气凛然,一定邪不胜正!

编辑手记

本套书是上海《自然杂志》的资深编辑朱惠霖先生将历年发表于其中的数学科普文章的汇集本.

《自然杂志》是笔者非常喜爱的一本杂志,最早接触到它是在20世纪80年代初.笔者还在读高中,在报刊门市部偶然买到一本.上课时在课桌下偷偷阅读,记得那一期有篇是张奠宙教授写的介绍托姆的突变理论的文章,其中那个关于狗的行为描述的模型引起了笔者极大的兴趣.至今想起来还历历在目,特别是惊叹于数学在描述自然现象时的能力之强.在后来笔者养犬十年的过程中观察发现,许多细节还是很富有解释力的.

当年在《自然杂志》上写稿的既有居庙堂之高的院士、教授,如陈省身先生写的微分几何,谷超豪先生写的偏微分方程,张景中先生写的几何作图问题等,也有处江湖之远的小人物,比如笔者给《自然杂志》投稿时只是上海华东师范大学数学系应用数学助教班的一名学员而已.

介绍一下本套书的作者朱惠霖先生,他既是数学家,又是数学教育家,曾出版数学著作多部.

如:《虚数的故事》(美)纳欣著,朱惠霖译,上海教育出版社,2008.

《蚁迹寻踪及其他数学探索(通俗数学名著译丛)》(美)戴维·盖尔编著,朱惠霖译,上海教育出版社,2001.

《数学桥:对高等数学的一次观赏之旅》斯蒂芬·弗莱彻·休森著,朱惠霖校(注释,解说词),邹建成,杨志辉,刘喜波等译,上海科技教育出版社,2010.

他还写过大量的科普文章,如:

《埃歇尔的〈圆的极限 Ⅲ〉》	朱惠霖	自然杂志	1982-08-29
《"公开密码"的破译》	朱惠霖	自然杂志	1983-01-31
《微积分学的衰落——离散数学的兴起》	安东尼·罗尔斯顿;朱惠霖	世界科学	1983-10-28
《单叶函数系数的上界估计》	李江帆;朱惠霖	自然杂志	1983-10-28
《莫德尔猜想解决了》	Gina Kolata;朱惠霖	世界科学	1984-01-31
《一个古老猜想的意外证明》	Gina Kolata;朱惠霖	世界科学	1985-11-27
《从哈代的出租车号码到椭圆曲线公钥密码》	朱惠霖	科学	1996-03-25
《找零钱的数学》	朱惠霖	科学	1996-09-25
《墨菲法则趣谈》	朱惠霖	科学	1996-11-25
《找零钱的数学》	朱惠霖	数学通讯	1998-04-10
《关于"跳槽"的数学模型》	朱惠霖	数学通讯	1998-06-10
《扫雷高手的百万大奖之梦》	朱惠霖	科学	2001-07-25

其中《单叶函数系数的上界估计》是一个研究简讯.他们将比勃巴赫猜想的系数估计在前人工作的基础之上又改进了一步.这当然很困难.朱先生1982年毕业于复旦大学,比勃巴赫猜想在中国的研究者大多集中于此.前不久复旦旧书店的老板还专门卖了一批任福尧老先生的藏书给笔者,其中以复分析方面居多.这一重大猜想后来在1985年由美国数学家德·布·兰吉斯完美的解决了.

数学科普对于现代社会很重要,因为要在高度现代化的社会中生存,不了解数学,更进一步不了解近代数学是不行的,那么究竟应该了解多少?了解到什么程度呢?在网上有一个网友恶搞的小文章.

民科自测卷(纯数学卷)

注:此份试卷主要用于自测对数学基础知识的熟悉程度.如果自测者分数不达标,则原则上可认为其尚不具备任何研究数学的基本能

力,是民科的可能性比较大,从而建议其放弃数学研究. 测试达标为 60 分,满分 100 分. 测试应闭卷完成.

Part 1,初等部分(20 分)

(1) 设有一个底面半径为 r,高为 a 的球缺. 现有一个垂直于其底面的平面将其分成两部分,这个平面与球缺底面圆心的距离为 h. 请用二重积分求出球缺被平面所截较小那块图形的体积(3 分).

(2) 已知 Zeta 函数 $\zeta(s) = \sum_{n=1}^{\infty} \frac{1}{n^s}$. 请问双曲余切函数 coth 的泰勒展开式系数和 $\zeta(2n)$ 有什么关系? 其中 n 是正整数(3 分).

(3) 求 n 阶 Hilbert 矩阵 $\boldsymbol{H}$ 的行列式,其中 $H_{i,j} = \frac{1}{i+j-1}$ (4 分).

(4) 叙述拓扑空间紧与序列紧的定义,在什么条件下这两者等价? 并给出一个在不满足此条件下两者并不等价的例子(3 分).

(5) 对实数 t,求极限 $\lim_{A \to \infty} \int_{-A}^{A} \left(\frac{\sin x}{x}\right)^2 e^{itx} dx$ (3 分).

(6) 阶为 pq, p^2q, p^2q^2 的群能否成为单群,证明你的结论(4 分).

Part 2,基础部分(40 分)

(1) 叙述 Sobolev 嵌入定理,并给出证明(5 分).

(2) 李代数 $so(3)$ 和 $su(2)$ 之间有什么关系? 证明你的结论(5 分).

(3) 亏格为 2 的曲面被称为双环面,其可以看作是两个环面的连通和. 请计算双环面 $T^1 \sharp T^1$ 除去两点的同调群(5 分).

(4) 证明对于半单环 R,我们有 $R \cong Mat_{n_1}(\Delta_1) \times \cdots \times Mat_{n_k}(\Delta_k)$,其中 Δ_k 是除环(5 分).

(5) 证明 Dedekind 环是 UFD 当且仅当它是 PID(5 分).

(6) 给出概复结构和复结构的定义,并给出例子说明有概复结构的流形不一定有复结构(5 分).

(7) 给定光滑曲面 M 上的一点 P,假设以 P 为中心,r 为半径的测地圆周长为 $C(r)$. 求曲面在点 P 的高斯曲率 $K(P)$ (5 分).

(8) 证明 n 维向量空间 V 的正交群 $O(V)$ 的每一个元素都可以看作不超过 n 个反射变换的积(5 分).

Part 3,提高部分(40 分)

(1) 我们已知椭圆(长半轴为 a,短半轴为 b)的周长公式不能用初等函数表示. 请证明这一点(12 分).

(2) 47 维球面 S^{47} 上存在多少组不同的向量场,使得其为点态线性独立的? 证明你的结论(13 分).

(3) 证明:多项式环上的有限生成投射模都是自由模(15 分).

此文章据说是一位女性朋友写的,在微信圈中广为流传.在笔者混迹其中的几个数学圈中,许多很有功力的中年数学工作者都表示无能为力,也有的只是在自己所擅长的专业分支上能解出一道半道.所以可见数学分支众多,且每一分支都不容易,要做个鸟瞰式的人物几乎不可能.所以还是爱因斯坦有远见,他认为如果他要搞数学一定会在某一个分支的一个问题上耗费终生,而不会像在物理学中那样有一个对全局决定性的贡献.

数学普及是不易的.著名数学家项武义先生曾在一次访谈中指出:

> 不管是中国也好,美国也好,关于普度众生的应用数学,是一大堆不懂数学的人要搞数学教育,而懂数学的人拒绝去做这个.也许其原因是此事其实也不简单.基础数学你要懂得更深一步都很难,吃力不讨好,所以不做.现在全世界现况就跟金融风暴一样,苦海无边.数学教育目前在全世界不仅没有普度众生,反而是苦海无边.我跟张海潮①都觉得不忍卒睹,却无能为力,人太少了.你跟搞数学教育的讲,他们根本不听也不懂,反而说:"你伤害到我的利益,你知道吗?你给我滚远点."你跟数学家讲,像陈先生②反对我做这事,就跟我说:"武义,你完全浪费青春."而且他一定讲:"这事情是纯政治的,纯政治的事,你去搞它干嘛?你的才能应该好好拿来做数学的研究."这还是为了我好.有些数学家,他如果不去做这些基础的数学,其实要让他做数学教育是不行的,因为他没有懂透彻,他以偏概全地说:"这种东西我还不懂吗?这是没什么道理的东西!"他不懂才讲没道理,这就是现况!还有一个笑话,现在给我总的感觉,因为基础数学没人下功夫,数学研究跟基础数学脱节了,脱节久了,数学研究必然趋于枯萎,因为离根太远的东西是长不好的.譬如说做弦理论(string theory),弦理论老天一定不用的嘛,因为老天爷没懂嘛,我们生活的空间世界是精而简的,他竟然说:"要他来指挥老天爷,精简的地方,我不要做,我一定要去做十维卷起来的东西,这十维是什么东西都搞不清楚,这种数学越来越烦,有点像当年托勒密的周转圆(epicycles).我去复旦,和忻元龙③边喝咖啡边聊,他说:"你是一个比较奇怪的数学家,前沿的数

---

① 张海潮,交通大学应用数学系教授.
② 陈省身.
③ 忻元龙,复旦大学教授.

学跟基础的数学是连起来的,但大部分的数学家不把它们连起来."

许多数学教科书并不能代替科普书,因为它们写的过于抽象.项武义先生讲了一个《群论》的例子.《群论》那一章定义了什么叫群,定义了什么叫群的同构(isomorphic).然后呢,证明了三个定理,第一个:G 跟 G 是同构的;第二个:若 G_1 跟 G_2 是同构的,则 G_2 跟 G_1 也是同构的;第三个:若 G_1 跟 G_2 是同构的,G_2 跟 G_3 是同构的,则 G_1 跟 G_3 是同构的.完了,整个就结束了,《群论》全教完了.

说实话,在现在这个功利至上的社会,端出这么一大套东西是不切实际的.但是我们坚持:诗和远方是留给有梦想的人的精神食粮,眼前的苟且是留给芸芸众生的麻醉剂.

刘培杰
2018 年 10 月 25 日
于哈工大

刘培杰数学工作室
已出版(即将出版)图书目录——高等数学

书 名	出版时间	定 价	编号
距离几何分析导引	2015—02	68.00	446
大学几何学	2017—01	78.00	688
关于曲面的一般研究	2016—11	48.00	690
近世纯粹几何学初论	2017—01	58.00	711
拓扑学与几何学基础讲义	2017—04	58.00	756
物理学中的几何方法	2017—06	88.00	767
几何学简史	2017—08	28.00	833
复变函数引论	2013—10	68.00	269
伸缩变换与抛物旋转	2015—01	38.00	449
无穷分析引论(上)	2013—04	88.00	247
无穷分析引论(下)	2013—04	98.00	245
数学分析	2014—04	28.00	338
数学分析中的一个新方法及其应用	2013—01	38.00	231
数学分析例选:通过范例学技巧	2013—01	88.00	243
高等代数例选:通过范例学技巧	2015—06	88.00	475
基础数论例选:通过范例学技巧	2018—09	58.00	978
三角级数论(上册)(陈建功)	2013—01	38.00	232
三角级数论(下册)(陈建功)	2013—01	48.00	233
三角级数论(哈代)	2013—06	48.00	254
三角级数	2015—07	28.00	263
超越数	2011—03	18.00	109
三角和方法	2011—03	18.00	112
随机过程(Ⅰ)	2014—01	78.00	224
随机过程(Ⅱ)	2014—01	68.00	235
算术探索	2011—12	158.00	148
组合数学	2012—04	28.00	178
组合数学浅谈	2012—03	28.00	159
丢番图方程引论	2012—03	48.00	172
拉普拉斯变换及其应用	2015—02	38.00	447
高等代数.上	2016—01	38.00	548
高等代数.下	2016—01	38.00	549
高等代数教程	2016—01	58.00	579
数学解析教程.上卷.1	2016—01	58.00	546
数学解析教程.上卷.2	2016—01	38.00	553
数学解析教程.下卷.1	2017—04	48.00	781
数学解析教程.下卷.2	2017—06	48.00	782
函数构造论.上	2016—01	38.00	554
函数构造论.中	2017—06	48.00	555
函数构造论.下	2016—09	48.00	680
函数逼近论(上)	2019—02	98.00	1014
概周期函数	2016—01	48.00	572
变叙的项的极限分布律	2016—01	18.00	573
整函数	2012—08	18.00	161
近代拓扑学研究	2013—04	38.00	239
多项式和无理数	2008—01	68.00	22

I

刘培杰数学工作室
已出版(即将出版)图书目录——高等数学

书　名	出版时间	定　价	编号
模糊数据统计学	2008—03	48.00	31
模糊分析学与特殊泛函空间	2013—01	68.00	241
常微分方程	2016—01	58.00	586
平稳随机函数导论	2016—03	48.00	587
量子力学原理.上	2016—01	38.00	588
图与矩阵	2014—08	40.00	644
钢丝绳原理:第二版	2017—01	78.00	745
代数拓扑和微分拓扑简史	2017—06	68.00	791
半序空间泛函分析.上	2018—06	48.00	924
半序空间泛函分析.下	2018—06	68.00	925
概率分布的部分识别	2018—07	68.00	929
Cartan型单模李超代数的上同调及极大子代数	2018—07	38.00	932
纯数学与应用数学若干问题研究	2019—03	98.00	1017
受控理论与解析不等式	2012—05	78.00	165
不等式的分拆降维降幂方法与可读证明	2016—01	68.00	591
实变函数论	2012—06	78.00	181
复变函数论	2015—08	38.00	504
非光滑优化及其变分分析	2014—01	48.00	230
疏散的马尔科夫链	2014—01	58.00	266
马尔科夫过程论基础	2015—01	28.00	433
初等微分拓扑学	2012—07	18.00	182
方程式论	2011—03	38.00	105
Galois理论	2011—03	18.00	107
古典数学难题与伽罗瓦理论	2012—11	58.00	223
伽罗华与群论	2014—01	28.00	290
代数方程的根式解及伽罗瓦理论	2011—03	28.00	108
代数方程的根式解及伽罗瓦理论(第二版)	2015—01	28.00	423
线性偏微分方程讲义	2011—03	18.00	110
几类微分方程数值方法的研究	2015—05	38.00	485
N体问题的周期解	2011—03	28.00	111
代数方程式论	2011—05	18.00	121
线性代数与几何:英文	2016—06	58.00	578
动力系统的不变量与函数方程	2011—07	48.00	137
基于短语评价的翻译知识获取	2012—02	48.00	168
应用随机过程	2012—04	48.00	187
概率论导引	2012—04	18.00	179
矩阵论(上)	2013—06	58.00	250
矩阵论(下)	2013—06	48.00	251
对称锥互补问题的内点法:理论分析与算法实现	2014—08	68.00	368
抽象代数:方法导引	2013—06	38.00	257
集论	2016—01	48.00	576
多项式理论研究综述	2016—01	38.00	577
函数论	2014—11	78.00	395
反问题的计算方法及应用	2011—11	28.00	147
数阵及其应用	2012—02	28.00	164
绝对值方程—折边与组合图形的解析研究	2012—07	48.00	186
代数函数论(上)	2015—07	38.00	494
代数函数论(下)	2015—07	38.00	495

刘培杰数学工作室
已出版（即将出版）图书目录——高等数学

书　名	出版时间	定　价	编号
偏微分方程论:法文	2015—10	48.00	533
时标动力学方程的指数型二分性与周期解	2016—04	48.00	606
重刚体绕不动点运动方程的积分法	2016—05	68.00	608
水轮机水力稳定性	2016—05	48.00	620
Lévy噪音驱动的传染病模型的动力学行为	2016—05	48.00	667
铣加工动力学系统稳定性研究的数学方法	2016—11	28.00	710
时滞系统:Lyapunov泛函和矩阵	2017—05	68.00	784
粒子图像测速仪实用指南:第二版	2017—08	78.00	790
数域的上同调	2017—08	98.00	799
图的正交因子分解(英文)	2018—01	38.00	881
点云模型的优化配准方法研究	2018—07	58.00	927
锥形波入射粗糙表面反散射问题理论与算法	2018—03	68.00	936
广义逆的理论与计算	2018—07	58.00	973
不定方程及其应用	2018—12	58.00	998
几类椭圆型偏微分方程高效数值算法研究	2018—08	48.00	1025
现代密码算法概论	2019—05	98.00	1061
模形式的p-进性质	2019—06	78.00	1088
吴振奎高等数学解题真经(概率统计卷)	2012—01	38.00	149
吴振奎高等数学解题真经(微积分卷)	2012—01	68.00	150
吴振奎高等数学解题真经(线性代数卷)	2012—01	58.00	151
高等数学解题全攻略(上卷)	2013—06	58.00	252
高等数学解题全攻略(下卷)	2013—06	58.00	253
高等数学复习纲要	2014—01	18.00	384
超越吉米多维奇.数列的极限	2009—11	48.00	58
超越普里瓦洛夫.留数卷	2015—01	28.00	437
超越普里瓦洛夫.无穷乘积与它对解析函数的应用卷	2015—05	28.00	477
超越普里瓦洛夫.积分卷	2015—06	18.00	481
超越普里瓦洛夫.基础知识卷	2015—06	28.00	482
超越普里瓦洛夫.数项级数卷	2015—07	38.00	489
超越普里瓦洛夫.微分、解析函数、导数卷	2018—01	48.00	852
统计学专业英语	2007—03	28.00	16
统计学专业英语(第二版)	2012—07	48.00	176
统计学专业英语(第三版)	2015—04	68.00	465
代换分析:英文	2015—07	38.00	499
历届美国大学生数学竞赛试题集.第一卷(1938—1949)	2015—01	28.00	397
历届美国大学生数学竞赛试题集.第二卷(1950—1959)	2015—01	28.00	398
历届美国大学生数学竞赛试题集.第三卷(1960—1969)	2015—01	28.00	399
历届美国大学生数学竞赛试题集.第四卷(1970—1979)	2015—01	18.00	400
历届美国大学生数学竞赛试题集.第五卷(1980—1989)	2015—01	28.00	401
历届美国大学生数学竞赛试题集.第六卷(1990—1999)	2015—01	28.00	402
历届美国大学生数学竞赛试题集.第七卷(2000—2009)	2015—08	18.00	403
历届美国大学生数学竞赛试题集.第八卷(2010—2012)	2015—01	18.00	404
超越普特南试题:大学数学竞赛中的方法与技巧	2017—04	98.00	758
历届国际大学生数学竞赛试题集(1994—2010)	2012—01	28.00	143
全国大学生数学夏令营数学竞赛试题及解答	2007—03	28.00	15
全国大学生数学竞赛辅导教程	2012—07	28.00	189
全国大学生数学竞赛复习全书(第2版)	2017—05	58.00	787

刘培杰数学工作室
已出版（即将出版）图书目录——高等数学

书　名	出版时间	定　价	编号
历届美国大学生数学竞赛试题集	2009—03	88.00	43
前苏联大学生数学奥林匹克竞赛题解（上编）	2012—04	28.00	169
前苏联大学生数学奥林匹克竞赛题解（下编）	2012—04	38.00	170
大学生数学竞赛讲义	2014—09	28.00	371
大学生数学竞赛教程——高等数学（基础篇、提高篇）	2018—09	128.00	968
普林斯顿大学数学竞赛	2016—06	38.00	669
初等数论难题集（第一卷）	2009—05	68.00	44
初等数论难题集（第二卷）（上、下）	2011—02	128.00	82,83
数论概貌	2011—03	18.00	93
代数数论（第二版）	2013—08	58.00	94
代数多项式	2014—06	38.00	289
初等数论的知识与问题	2011—02	28.00	95
超越数论基础	2011—03	28.00	96
数论初等教程	2011—03	28.00	97
数论基础	2011—03	18.00	98
数论基础与维诺格拉多夫	2014—03	18.00	292
解析数论基础	2012—08	28.00	216
解析数论基础（第二版）	2014—01	48.00	287
解析数论问题集（第二版）（原版引进）	2014—05	88.00	343
解析数论问题集（第二版）（中译本）	2016—04	88.00	607
解析数论基础（潘承洞,潘承彪著）	2016—07	98.00	673
解析数论导引	2016—07	58.00	674
数论入门	2011—03	38.00	99
代数数论入门	2015—03	38.00	448
数论开篇	2012—07	28.00	194
解析数论引论	2011—03	48.00	100
Barban Davenport Halberstam 均值和	2009—01	40.00	33
基础数论	2011—03	28.00	101
初等数论 100 例	2011—05	18.00	122
初等数论经典例题	2012—07	18.00	204
最新世界各国数学奥林匹克中的初等数论试题（上、下）	2012—01	138.00	144,145
初等数论（Ⅰ）	2012—01	18.00	156
初等数论（Ⅱ）	2012—01	18.00	157
初等数论（Ⅲ）	2012—01	28.00	158
平面几何与数论中未解决的新老问题	2013—01	68.00	229
代数数论简史	2014—11	28.00	408
代数数论	2015—09	88.00	532
代数、数论及分析习题集	2016—11	98.00	695
数论导引提要及习题解答	2016—01	48.00	559
素数定理的初等证明. 第 2 版	2016—09	48.00	686
数论中的模函数与狄利克雷级数（第二版）	2017—11	78.00	837
数论:数学导引	2018—01	68.00	849
域论	2018—04	68.00	884
代数数论（冯克勤　编著）	2018—04	68.00	885
范式大代数	2019—02	98.00	1016

刘培杰数学工作室
已出版(即将出版)图书目录——高等数学

书　名	出版时间	定　价	编号
新编 640 个世界著名数学智力趣题	2014—01	88.00	242
500 个最新世界著名数学智力趣题	2008—06	48.00	3
400 个最新世界著名数学最值问题	2008—09	48.00	36
500 个世界著名数学征解问题	2009—06	48.00	52
400 个中国最佳初等数学征解老问题	2010—01	48.00	60
500 个俄罗斯数学经典老题	2011—01	28.00	81
1000 个国外中学物理好题	2012—04	48.00	174
300 个日本高考数学题	2012—05	38.00	142
700 个早期日本高考数学试题	2017—02	88.00	752
500 个前苏联早期高考数学试题及解答	2012—05	28.00	185
546 个早期俄罗斯大学生数学竞赛题	2014—03	38.00	285
548 个来自美苏的数学好问题	2014—11	28.00	396
20 所苏联著名大学早期入学试题	2015—02	18.00	452
161 道德国工科大学生必做的微分方程习题	2015—05	28.00	469
500 个德国工科大学生必做的高数习题	2015—06	28.00	478
360 个数学竞赛问题	2016—08	58.00	677
德国讲义日本考题.微积分卷	2015—04	48.00	456
德国讲义日本考题.微分方程卷	2015—04	38.00	457
二十世纪中叶中、英、美、日、法、俄高考数学试题精选	2017—06	38.00	783

博弈论精粹	2008—03	58.00	30
博弈论精粹.第二版(精装)	2015—01	88.00	461
数学 我爱你	2008—01	28.00	20
精神的圣徒　别样的人生——60 位中国数学家成长的历程	2008—09	48.00	39
数学史概论	2009—06	78.00	50
数学史概论(精装)	2013—03	158.00	272
数学史选讲	2016—01	48.00	544
斐波那契数列	2010—02	28.00	65
数学拼盘和斐波那契魔方	2010—07	38.00	72
斐波那契数列欣赏	2011—01	28.00	160
数学的创造	2011—02	48.00	85
数学美与创造力	2016—01	48.00	595
数海拾贝	2016—01	48.00	590
数学中的美	2011—02	38.00	84
数论中的美学	2014—12	38.00	351
数学王者　科学巨人——高斯	2015—01	28.00	428
振兴祖国数学的圆梦之旅:中国初等数学研究史话	2015—06	98.00	490
二十世纪中国数学史料研究	2015—10	48.00	536
数字谜、数阵图与棋盘覆盖	2016—01	58.00	298
时间的形状	2016—01	38.00	556
数学发现的艺术:数学探索中的合情推理	2016—07	58.00	671
活跃在数学中的参数	2016—07	48.00	675

V

刘培杰数学工作室
已出版（即将出版）图书目录——高等数学

书　名	出版时间	定　价	编号
格点和面积	2012—07	18.00	191
射影几何趣谈	2012—04	28.00	175
斯潘纳尔引理——从一道加拿大数学奥林匹克试题谈起	2014—01	28.00	228
李普希兹条件——从几道近年高考数学试题谈起	2012—10	18.00	221
拉格朗日中值定理——从一道北京高考试题的解法谈起	2015—10	18.00	197
闵科夫斯基定理——从一道清华大学自主招生试题谈起	2014—01	28.00	198
哈尔测度——从一道冬令营试题的背景谈起	2012—08	28.00	202
切比雪夫逼近问题——从一道中国台北数学奥林匹克试题谈起	2013—04	38.00	238
伯恩斯坦多项式与贝齐尔曲面——从一道全国高中数学联赛试题谈起	2013—03	38.00	236
卡塔兰猜想——从一道普特南竞赛试题谈起	2013—06	18.00	256
麦卡锡函数和阿克曼函数——从一道前南斯拉夫数学奥林匹克试题谈起	2012—08	18.00	201
贝蒂定理与拉姆贝克莫斯尔定理——从一个拣石子游戏谈起	2012—08	18.00	217
皮亚诺曲线和豪斯道夫分球定理——从无限集谈起	2012—08	18.00	211
平面凸图形与凸多面体	2012—10	28.00	218
斯坦因豪斯问题——从一道二十五省市自治区中学数学竞赛试题谈起	2012—07	18.00	196
纽结理论中的亚历山大多项式与琼斯多项式——从一道北京市高一数学竞赛试题谈起	2012—07	28.00	195
原则与策略——从波利亚"解题表"谈起	2013—04	38.00	244
转化与化归——从三大尺规作图不能问题谈起	2012—08	28.00	214
代数几何中的贝祖定理（第一版）——从一道IMO试题的解法谈起	2013—08	18.00	193
成功连贯理论与约当块理论——从一道比利时数学竞赛试题谈起	2012—04	18.00	180
素数判定与大数分解	2014—08	18.00	199
置换多项式及其应用	2012—10	18.00	220
椭圆函数与模函数——从一道美国加州大学洛杉矶分校（UCLA）博士资格考题谈起	2012—10	28.00	219
差分方程的拉格朗日方法——从一道2011年全国高考理科试题的解法谈起	2012—08	28.00	200
力学在几何中的一些应用	2013—01	38.00	240
高斯散度定理、斯托克斯定理和平面格林定理——从一道国际大学生数学竞赛试题谈起	即将出版		
康托洛维奇不等式——从一道全国高中联赛试题谈起	2013—03	28.00	337
西格尔引理——从一道第18届IMO试题的解法谈起	即将出版		
罗斯定理——从一道前苏联数学竞赛试题谈起	即将出版		
拉克斯定理和阿廷定理——从一道IMO试题的解法谈起	2014—01	58.00	246
毕卡大定理——从一道美国大学数学竞赛试题谈起	2014—07	18.00	350
贝齐尔曲线——从一道全国高中联赛试题谈起	即将出版		
拉格朗日乘子定理——从一道2005年全国高中联赛试题的高等数学解法谈起	2015—05	28.00	480
雅可比定理——从一道日本数学奥林匹克试题谈起	2013—04	48.00	249
李天岩—约克定理——从一道波兰数学竞赛试题谈起	2014—06	28.00	349
整系数多项式因式分解的一般方法——从克朗耐克算法谈起	即将出版		

刘培杰数学工作室
已出版(即将出版)图书目录——高等数学

书　名	出版时间	定　价	编号
布劳维不动点定理——从一道前苏联数学奥林匹克试题谈起	2014—01	38.00	273
伯恩赛德定理——从一道英国数学奥林匹克试题谈起	即将出版		
布查特-莫斯特定理——从一道上海市初中竞赛试题谈起	即将出版		
数论中的同余数问题——从一道普特南竞赛试题谈起	即将出版		
范·德蒙行列式——从一道美国数学奥林匹克试题谈起	即将出版		
中国剩余定理:总数法构建中国历史年表	2015—01	28.00	430
牛顿程序与方程求根——从一道全国高考试题解法谈起	即将出版		
库默尔定理——从一道IMO预选试题谈起	即将出版		
卢丁定理——从一道冬令营试题的解法谈起	即将出版		
沃斯滕霍姆定理——从一道IMO预选试题谈起	即将出版		
卡尔松不等式——从一道莫斯科数学奥林匹克试题谈起	即将出版		
信息论中的香农熵——从一道近年高考压轴题谈起	即将出版		
约当不等式——从一道希望杯竞赛试题谈起	即将出版		
拉比诺维奇定理	即将出版		
刘维尔定理——从一道《美国数学月刊》征解问题的解法谈起	即将出版		
卡塔兰恒等式与级数求和——从一道IMO试题的解法谈起	即将出版		
勒让德猜想与素数分布——从一道爱尔兰竞赛试题谈起	即将出版		
天平称重与信息论——从一道基辅市数学奥林匹克试题谈起	即将出版		
哈密尔顿—凯莱定理:从一道高中数学联赛试题的解法谈起	2014—09	18.00	376
艾思特曼定理——从一道CMO试题的解法谈起	即将出版		
一个爱尔特希问题——从一道西德数学奥林匹克试题谈起	即将出版		
有限群中的爱丁格尔问题——从一道北京市初中二年级数学竞赛试题谈起	即将出版		
糖水中的不等式——从初等数学到高等数学	2019—07	48.00	1093
帕斯卡三角形	2014—03	18.00	294
蒲丰投针问题——从2009年清华大学的一道自主招生试题谈起	2014—01	38.00	295
斯图姆定理——从一道"华约"自主招生试题的解法谈起	2014—01	18.00	296
许瓦兹引理——从一道加利福尼亚大学伯克利分校数学系博士生试题谈起	2014—08	18.00	297
拉姆塞定理——从王诗宬院士的一个问题谈起	2016—04	48.00	299
坐标法	2013—12	28.00	332
数论三角形	2014—04	38.00	341
毕克定理	2014—07	18.00	352
数林掠影	2014—09	48.00	389
我们周围的概率	2014—10	38.00	390
凸函数最值定理:从一道华约自主招生题的解法谈起	2014—10	28.00	391
易学与数学奥林匹克	2014—10	38.00	392
生物数学趣谈	2015—01	18.00	409
反演	2015—01	28.00	420
因式分解与圆锥曲线	2015—01	18.00	426
轨迹	2015—01	28.00	427
面积原理:从常庚哲命的一道CMO试题的积分解法谈起	2015—01	48.00	431
形形色色的不动点定理:从一道28届IMO试题谈起	2015—01	38.00	439
柯西函数方程:从一道上海交大自主招生的试题谈起	2015—02	28.00	440

刘培杰数学工作室
已出版(即将出版)图书目录——高等数学

书　　名	出版时间	定　价	编号
三角恒等式	2015—02	28.00	442
无理性判定:从一道2014年"北约"自主招生试题谈起	2015—01	38.00	443
数学归纳法	2015—03	18.00	451
极端原理与解题	2015—04	28.00	464
法雷级数	2014—08	18.00	367
摆线族	2015—01	38.00	438
函数方程及其解法	2015—05	38.00	470
含参数的方程和不等式	2012—09	28.00	213
希尔伯特第十问题	2016—01	38.00	543
无穷小量的求和	2016—01	28.00	545
切比雪夫多项式:从一道清华大学金秋营试题谈起	2016—01	38.00	583
泽肯多夫定理	2016—03	38.00	599
代数等式证题法	2016—01	28.00	600
三角等式证题法	2016—01	28.00	601
吴大任教授藏书中的一个因式分解公式:从一道美国数学邀请赛试题的解法谈起	2016—06	28.00	656
易卦——类万物的数学模型	2017—08	68.00	838
"不可思议"的数与数系可持续发展	2018—01	38.00	878
最短线	2018—01	38.00	879
从毕达哥拉斯到怀尔斯	2007—10	48.00	9
从迪利克雷到维斯卡尔迪	2008—01	48.00	21
从哥德巴赫到陈景润	2008—05	98.00	35
从庞加莱到佩雷尔曼	2011—08	138.00	136
从费马到怀尔斯——费马大定理的历史	2013—10	198.00	I
从庞加莱到佩雷尔曼——庞加莱猜想的历史	2013—10	298.00	II
从切比雪夫到爱尔特希(上)——素数定理的初等证明	2013—07	48.00	III
从切比雪夫到爱尔特希(下)——素数定理100年	2012—12	98.00	III
从高斯到盖尔方特——二次域的高斯猜想	2013—10	198.00	IV
从库默尔到朗兰兹——朗兰兹猜想的历史	2014—01	98.00	V
从比勃巴赫到德布朗斯——比勃巴赫猜想的历史	2014—02	298.00	VI
从麦比乌斯到陈省身——麦比乌斯变换与麦比乌斯带	2014—02	298.00	VII
从布尔到豪斯道夫——布尔方程与格论漫谈	2013—10	198.00	VIII
从开普勒到阿诺德——三体问题的历史	2014—05	298.00	IX
从华林到华罗庚——华林问题的历史	2013—10	298.00	X
数学物理大百科全书.第1卷	2016—01	418.00	508
数学物理大百科全书.第2卷	2016—01	408.00	509
数学物理大百科全书.第3卷	2016—01	396.00	510
数学物理大百科全书.第4卷	2016—01	408.00	511
数学物理大百科全书.第5卷	2016—01	368.00	512
朱德祥代数与几何讲义.第1卷	2017—01	38.00	697
朱德祥代数与几何讲义.第2卷	2017—01	28.00	698
朱德祥代数与几何讲义.第3卷	2017—01	28.00	699

刘培杰数学工作室
已出版(即将出版)图书目录——高等数学

书 名	出版时间	定 价	编号
闵嗣鹤文集	2011—03	98.00	102
吴从炘数学活动三十年(1951～1980)	2010—07	99.00	32
吴从炘数学活动又三十年(1981～2010)	2015—07	98.00	491
斯米尔诺夫高等数学.第一卷	2018—03	88.00	770
斯米尔诺夫高等数学.第二卷.第一分册	2018—03	68.00	771
斯米尔诺夫高等数学.第二卷.第二分册	2018—03	68.00	772
斯米尔诺夫高等数学.第二卷.第三分册	2018—03	48.00	773
斯米尔诺夫高等数学.第三卷.第一分册	2018—03	58.00	774
斯米尔诺夫高等数学.第三卷.第二分册	2018—03	58.00	775
斯米尔诺夫高等数学.第三卷.第三分册	2018—03	68.00	776
斯米尔诺夫高等数学.第四卷.第一分册	2018—03	48.00	777
斯米尔诺夫高等数学.第四卷.第二分册	2018—03	88.00	778
斯米尔诺夫高等数学.第五卷.第一分册	2018—03	58.00	779
斯米尔诺夫高等数学.第五卷.第二分册	2018—03	68.00	780
zeta 函数,q-zeta 函数,相伴级数与积分	2015—08	88.00	513
微分形式:理论与练习	2015—08	58.00	514
离散与微分包含的逼近和优化	2015—08	58.00	515
艾伦·图灵:他的工作与影响	2016—01	98.00	560
测度理论概率导论,第2版	2016—01	88.00	561
带有潜在故障恢复系统的半马尔柯夫模型控制	2016—01	98.00	562
数学分析原理	2016—01	88.00	563
随机偏微分方程的有效动力学	2016—01	88.00	564
图的谱半径	2016—01	58.00	565
量子机器学习中数据挖掘的量子计算方法	2016—01	98.00	566
量子物理的非常规方法	2016—01	118.00	567
运输过程的统一非局部理论:广义波尔兹曼物理动力学,第2版	2016—01	198.00	568
量子力学与经典力学之间的联系在原子、分子及电动力学系统建模中的应用	2016—01	58.00	569
算术域	2018—01	158.00	821
高等数学竞赛:1962—1991年的米洛克斯·史怀哲竞赛	2018—01	128.00	822
用数学奥林匹克精神解决数论问题	2018—01	108.00	823
代数几何(德语)	2018—04	68.00	824
丢番图逼近论	2018—01	78.00	825
代数几何学基础教程	2018—01	98.00	826
解析数论入门课程	2018—01	78.00	827
数论中的丢番图问题	2018—01	78.00	829
数论(梦幻之旅):第五届中日数论研讨会演讲集	2018—01	68.00	830
数论新应用	2018—01	68.00	831
数论	2018—01	78.00	832
测度与积分	2019—04	68.00	1059
卡塔兰数入门	2019—05	68.00	1060

刘培杰数学工作室
已出版(即将出版)图书目录——高等数学

书　　名	出版时间	定　价	编号
湍流十讲	2018—04	108.00	886
无穷维李代数:第3版	2018—04	98.00	887
等值、不变量和对称性:英文	2018—04	78.00	888
解析数论	2018—09	78.00	889
《数学原理》的演化:伯特兰·罗素撰写第二版时的手稿与笔记	2018—04	108.00	890
哈密尔顿数学论文集(第4卷):几何学、分析学、天文学、概率和有限差分等	2019—05	108.00	891
数学王子——高斯	2018—01	48.00	858
坎坷奇星——阿贝尔	2018—01	48.00	859
闪烁奇星——伽罗瓦	2018—01	58.00	860
无穷统帅——康托尔	2018—01	48.00	861
科学公主——柯瓦列夫斯卡娅	2018—01	48.00	862
抽象代数之母——埃米·诺特	2018—01	48.00	863
电脑先驱——图灵	2018—01	58.00	864
昔日神童——维纳	2018—01	48.00	865
数坛怪侠——爱尔特希	2018—01	68.00	866
当代世界中的数学.数学思想与数学基础	2019—01	38.00	892
当代世界中的数学.数学问题	2019—01	38.00	893
当代世界中的数学.应用数学与数学应用	2019—01	38.00	894
当代世界中的数学.数学王国的新疆域(一)	2019—01	38.00	895
当代世界中的数学.数学王国的新疆域(二)	2019—01	38.00	896
当代世界中的数学.数林撷英(一)	2019—01	38.00	897
当代世界中的数学.数林撷英(二)	2019—01	48.00	898
当代世界中的数学.数学之路	2019—01	38.00	899
偏微分方程全局吸引子的特性:英文	2018—09	108.00	979
整函数与下调和函数:英文	2018—09	118.00	980
幂等分析:英文	2018—09	118.00	981
李群,离散子群与不变量理论:英文	2018—09	108.00	982
动力系统与统计力学:英文	2018—09	118.00	983
表示论与动力系统:英文	2018—09	118.00	984
初级统计学:循序渐进的方法:第10版	2019—05	68.00	1067
工程师与科学家统计学:第4版	2019—06	58.00	1068
大学代数与三角学	2019—06	78.00	1069
培养数学能力的途径	即将出版		1070
工程师与科学家微分方程用书:第4版	即将出版		1071
贸易与经济中的应用统计学:第6版	2019—06	58.00	1072
傅立叶级数和边值问题:第8版	2019—05	48.00	1073
通往天文学的途径:第5版	2019—05	58.00	1074

刘培杰数学工作室
已出版(即将出版)图书目录——高等数学

书 名	出版时间	定 价	编号
拉马努金笔记.第1卷	2019—06	165.00	1078
拉马努金笔记.第2卷	2019—06	165.00	1079
拉马努金笔记.第3卷	2019—06	165.00	1080
拉马努金笔记.第4卷	2019—06	165.00	1081
拉马努金笔记.第5卷	2019—06	165.00	1082
拉马努金遗失笔记.第1卷	2019—06	109.00	1083
拉马努金遗失笔记.第2卷	2019—06	109.00	1084
拉马努金遗失笔记.第3卷	2019—06	109.00	1085
拉马努金遗失笔记.第4卷	2019—06	109.00	1086

联系地址：哈尔滨市南岗区复华四道街10号　哈尔滨工业大学出版社刘培杰数学工作室
网　　址：http://lpj.hit.edu.cn/
邮　　编：150006
联系电话：0451—86281378　　13904613167
E-mail：lpj1378@163.com